AF827805

Für Felix und Mio

BusinessVillage

Birgit Schumacher

PSYCHOLOGISCHE SICHERHEIT

Das Entwicklungselixier für persönliches Wachstum, Teams und Organisationen

BusinessVillage

Birgit Schumacher
Psychologische Sicherheit
Das Entwicklungselixier für persönliches Wachstum, Teams und Organisationen
3. Auflage 2026

Bestellnummern
ISBN 978-3-86980-695-2 (Druckausgabe)
ISBN 978-3-86980-696-9 (E-Book, PDF)
ISBN 978-3-86980-697-6 (E-Book, EPUB)
Direktbezug unter www.BusinessVillage.de/1168.html

Bezugs- und Verlagsanschrift
BusinessVillage GmbH
Reinhäuser Landstraße 22
37083 Göttingen
Telefon: +49 (0)5 51 20 99-1 00
E-Mail: info@businessvillage.de
Web: www.businessvillage.de

Layout und Satz
Sabine Kempke

Illustration auf dem Umschlag
sekinekhanim, stock.adobe.com/de

Illustrationen im Buch
Stefan Böker, http://stefanboeker.de

Autorenfoto
Juliane Schmengler, www.knipskind.de

Druck und Bindung
ScandinavianBook, Neustadt an der Aisch

Inhalt

Über die Autorin

Birgit Schumacher ist Diplom-Volkswirtin, zertifizierter Coach für ganzheitlich-integrative Traumaarbeit, zertifizierte Wirtschaftsmediatorin und verfügt über langjährige Erfahrung als Projektleiterin und Führungskraft in Konzernen. Seit 2015 begleitet sie Menschen, die ihr Potenzial leben wollen.

Birgit Schumacher ist davon überzeugt, dass psychologische Sicherheit im Außen nur dann entstehen kann, wenn man in sich sicher und sich seiner selbst bewusst ist. Ihr Anliegen ist es, Menschen dabei zu unterstützen, diese Eigenschaften zu entwickeln und so als Sicherheitsverstärker auf ihr Umfeld zu wirken. Angetrieben wird sie von dem Gedanken, dass das Bewältigen der Herausforderungen, vor denen wir aktuell stehen, nur dann gelingen kann, wenn wir Menschen nicht angstgetrieben agieren, sondern aus einem sicheren Stand heraus.

Kontakt:
E-Mail: info@birgitschumacher.net
Web: www.birgitschumacher.net

Gender-Hinweis

Liebe Leserinnen, Leser und Personen jenseits des binären Geschlechterspektrums, aus Gründen der besseren Lesbarkeit wird bei Personenbezeichnungen und personenbezogenen Hauptwörtern in diesem Buch die männliche Form verwendet. Entsprechende Begriffe gelten im Sinne der Gleichbehandlung grundsätzlich für alle Geschlechter. Die verkürzte Sprachform hat nur redaktionelle Gründe und beinhaltet keine Wertung.

Vorwort

In meinen ersten Vorlesungen zur Spieltheorie während meines Volkswirtschaftsstudiums wusste ich nicht, dass sich fünfundzwanzig Jahre später der Kreis inhaltlich genau an dieser Stelle schließen würde. An der Stelle, an der ich ein Buch schreibe, das die Hintergründe und Wege zur psychologischen Sicherheit erklärt. Damals interessierte mich die Psychologie des sogenannten Gefangenendilemmas. Es ist ein spieltheoretisches Modell, in dem sich unter Unsicherheit zwei Menschen für ein Verhalten entscheiden, das für sie nicht das beste Ergebnis bringen wird, aber sie vor einer möglichen Höchststrafe bewahrt. Könnten diese beiden Menschen darauf vertrauen, dass ihr jeweiliges Gegenüber kooperiert, würden sich beide besser stellen, ohne den anderen schlechter zu stellen – dieses Ergebnis nennt man in der Volkswirtschaftslehre das Paretooptimum.

Das wusste man schon 1950.

Google startete dann 2012 ein Projekt, um herauszufinden, was Teams erfolgreich macht. Welcher Faktor der entscheidende ist, damit Teams gut zusammenarbeiten. Zwei Jahre nach Beginn der Studie kam der Suchmaschinengigant zu dem Ergebnis, dass der wichtigste Aspekt die psychologische Sicherheit im Team sei. Es handelt sich dabei um das Gefühl, Fehler machen zu dürfen und neue Ideen äußern zu können, ohne Angst vor negativen Konsequenzen haben zu müssen. Amy Edmonson definiert in ihrem bekannten Buch »Die angstfreie Organisation«, dass für psychologische Sicherheit die Arbeitsumgebung sicher genug sein sollte, um darin zwischenmenschliche Risiken einzugehen (Edmondson 2020: 42).

Am Ende ist es dasselbe Ergebnis, zu dem Albert William Tucker bereits in den Fünfzigerjahren kam: Sicherheit ist die Grundlage für Kooperation und Miteinander.

Es gibt nur einen Haken und den gab es schon damals: Wir Menschen sind keine rein rational handelnden Wesen. Und wir alle haben ein unterschiedlich hohes Sicherheitsbedürfnis. Wo der eine sich traut, auch kritische Fragen zu stellen, wird es jemand anderen geben, dem es schwerfällt, sich selbst in einer Gruppe vorzustellen.

Um also zu verstehen, was eine Gesellschaft und was Organisationen und Teams benötigen, um eine psychologisch sichere Umgebung zu schaffen, ist es wichtig, die Frage zu beantworten: Warum verhalten sich Menschen in der gleichen Umgebung unterschiedlich?

Konkreter: Warum gibt es in einem Team einerseits Menschen, die sich trauen, nach vorne zu treten und Verantwortung zu übernehmen, und andererseits Mitarbeiter, die eher still sind und vor neuen Aufgaben zurückschrecken?

Diese Fragen werden in den ersten beiden Kapiteln dieses Buches beantwortet. Hier beschreibe ich die wesentlichen neurobiologischen und psychologischen Hintergründe, wie Angst entsteht und warum Menschen so unterschiedlich auf dieses Signal ihres Unbewussten reagieren. Zudem zeige ich auf, was wir Menschen benötigen, um ein Gefühl der Sicherheit zu spüren.

In den Kapiteln drei und vier zeige ich anhand von ausgewählten Beispielen auf, in welchen unternehmerischen und gesellschaftlichen Strukturen die psychologische Sicherheit noch fehlt, welche Konsequenzen das hat und was man verändern müsste, um diesen Zustand zu ändern. Ich lade dich dabei immer wieder ein, die Strukturen, in denen du arbeitest und lebst, bezüglich der psychologischen Sicherheit zu reflektieren.

Du erhältst mit diesem Buch einen Denkrahmen, mit dessen Hilfe du in deinem Kontext ein psychologisch sicheres Umfeld schaffen kannst. Das Buch ist kein weiterer Methodenkoffer mit konkreten Umsetzungstipps, es ist viel mehr Hilfe zur Selbsthilfe, wenn du mit Menschen und Teams zusammenarbeitest und dich fragst, was kann ich denn noch tun, damit dieses Team endlich funktioniert?

So viel vorab: Du bist das beste Werkzeug, um psychologische Sicherheit in deinem Umfeld zu etablieren. Menschen und Teams benötigen Begleiter, die ihre innere Sicherheit gefunden haben und das ausstrahlen.

Wenn du dir deiner nicht sicher bist, wird es dir unmöglich sein, dein Potenzial zu leben. Du wirst nicht die Führungskraft oder der Coach sein können, der du gerne sein möchtest. Doch gerade in den aktuellen eher unsicheren Zeiten, mit all ihren Veränderungen, braucht es Menschen, die sich ihrer selbst bewusst sind und aus diesem Selbstbewusstsein heraus handeln. Wenn du für ein Team verantwortlich bist, in dem sich die Mitglieder sicher fühlen sollen, ist es unabdingbar, dass du es auch für dich bist.

Wie ein Weg dahin aussehen kann, sodass du ein psychologisch sicherer Begleiter wirst, beschreibe ich im letzten Kapitel. Daher wirst du über dieses Buch nicht nur andere Menschen und deren Nervensystem besser verstehen lernen, du wirst auch dich selbst besser verstehen. Wie wichtig dieser Weg ins Selbstbewusstsein ist und was das eigene berufliche Umfeld damit zu tun hat, habe ich im Laufe meines Berufslebens erfahren.

Ich habe selbst den Unterschied zwischen einer beruflich sicheren und einer unsicheren Umgebung kennengelernt. Ich konnte bei mir beobachten, welchen Einfluss mein Umfeld auf meine Entwicklung und mich hatte. Als ich mit zarten zweiundzwanzig Jahren in meinen ersten Job nach dem Studium als Controllerin startete, war ich noch unsicher. Ich hatte nicht das Gefühl, wirklich vorbereitet zu sein und etwas zu können. Doch das stimmte nicht. Mir fehlte es eher an Selbstvertrauen. Mein damaliger Chef hatte das richtige Fingerspitzengefühl, um mich zu fordern, aber dabei nicht zu überfordern. Das tat mir gut. Zudem durfte ich in einem Team arbeiten, das mir die Sicherheit gab, stets alle Fragen stellen zu dürfen.

Diese ersten fünf Jahre meiner Berufstätigkeit gaben mir viel Selbstsicherheit und Selbstvertrauen. Beides wichtige Dinge, die ich in den darauffolgenden Jahren benötigte, um in einem internationalen Konzern eigene Projekte leiten zu können. Und doch spürte ich immer, dass da noch mehr für mich gehen könnte, dass ich mir mehr zutraute. Aber das war in dem damaligen Konzernumfeld nicht realisierbar.

Ich konnte in den sogenannten Elefantenrunden, in denen ich in meiner Rolle als Projektleiterin sitzen durfte, beobachten, wie auf Managementebene gespielt wurde. Meine Intuition sagte mir damals, dass ich dort nicht überleben werde. Das war kein bewusster Prozess. Für mich fühlte es sich an wie auf Gas und Bremse gleichzeitig zu stehen. Ich wollte nach vorn, konnte aber nicht. Damals habe ich nicht verstanden, warum das so für mich war. Die Lösung kam mit dem Schritt in meine Selbstständigkeit. Hier, dachte ich, bin ich frei und kann Gas geben. Bis ich auch hier an neue Grenzen kam. Neue Grenzen mit dem Namen Selbstzweifel.

Um diese Selbstzweifel zu kompensieren, machte ich eine Ausbildung nach der anderen und rückte dem Thema Menschsein immer näher auf die Pelle. Gefühle, Bedürfnisse, Konflikte, Neurobiologie, Psychologie, Traumatologie, Themen, in die ich immer tiefer eintauchte, weil sie mich bis heute faszinieren und ich sie immer besser verstehen wollte. Für mich stecken dort die Stellschrauben, um Teams und Menschen besser zu unterstützen.

Auf meiner Lernreise habe ich mich besser kennen- und verstehen lernen dürfen. Über diesen Prozess bin ich dann zu meiner Selbstsicherheit gekommen. Selbstsicherheit entsteht über den Von-innen-nach-außen-Ansatz, über das eigene Selbstbewusstsein. Du kannst noch so viel Anerkennung von außen bekommen, wenn du es nicht fühlst, hält die Anerkennung nur bis zur nächsten Kritik.

Hätte ich damals schon mein Wissen von heute und meine jetzige Selbstsicherheit gehabt, wäre ich vermutlich den Karriereweg im Konzern gegangen, denn ich hätte meine Grenzen setzen können, die mir Sicherheit gegeben hätten. Und das in einer Weise, die weder mich selbst noch andere verletzt hätte.

Daraus könnte man schlussfolgern, dass nur die selbstbewusstesten Menschen in der freien Wirtschaft nach oben kommen. Und sollte es nicht auch genau so sein? Schließlich trägt man immer mehr Verantwortung, je höher man kommt.

Mein Blick darauf ist ein anderer:

1. Nach oben kommen die Menschen, die selbstsicher sind, oder die Menschen, die ihre Unsicherheit mit Kompensationsstrategien verbergen, die anderen Menschen Angst machen und toxisch für die gesamte Organisation sind. Denn mit dem Gefühl der Unsicherheit und der Unterlegenheit verhält sich der Mensch auch in den zivilisiertesten Umgebungen wie ein Tier: Er greift an oder flüchtet. In dem beschriebenen Fall greift er an.
2. Unsichere Menschen haben oft viele Selbstzweifel, sodass sie gar nicht zeigen, was sie alles können. Sie trauen sich nicht, nach vorn zu treten, aus Angst, etwas falsch zu machen und abgelehnt zu werden. Sie glauben, dass ihre Erfolge nicht hausgemacht sind, sondern durch Glück oder Zufall zustande kamen. Diese Menschen leiden am sogenannten Hochstapler-Syndrom.

Wenn die Umgebung dazu noch rau ist, besteht die Gefahr, dass derartig geprägte Menschen in den Rückzug gehen. Die Flucht ist ihre Kompensationsstrategie. Das Ergebnis: eine Menge Potenzial, das ungenutzt bleibt. Studien zufolge leidet jeder zweite Deutsche zeitweise unter dem Hochstapler-Syndrom (Pezzei 2010). Man muss dafür kein spieltheoretisches Modell heranziehen, um zu erkennen, dass ein Umfeld, in dem nur die selbstsichersten Menschen oder die, die den Kampfmodus eingeschaltet haben, weiterkommen, zu keinem Paretooptimum führt. Ganz im Gegenteil, es verlieren dabei alle Beteiligten. Es braucht beides: Menschen, die sich persönlich weiterentwickeln und in ihre Selbstsicherheit kommen, um darüber ihr Potenzial leben zu können, und ein Umfeld, das dieses Wachstum ermöglicht.

Wie das funktioniert, das erfährst du in diesem Buch.

1.
Was ist psychologische Sicherheit?

Wenn ich dich frage, wie sich Sicherheit anfühlt, wirst du vermutlich direkt ein Gefühl dazu haben. Vielleicht kommt dir als Erstes in den Kopf: »Da, wo ich sein kann, wie ich bin«. Oder du assoziierst damit das Gefühl von Geborgenheit. Es geht in jedem Fall darum, dass dir nichts passieren kann. Weder körperlich noch psychisch. Du musst keine Angst um Leib und Leben haben und auch nicht davor, als Person in deinem Selbstwertgefühl angegriffen zu werden.

Sicherheit ist eines unserer drei psychologischen Grundbedürfnisse, neben dem Bedürfnis nach Autonomie und Bindung, die wir bereits im Mutterleib haben und die dort im besten Fall erfüllt werden. Mit der Geburt wird uns Menschen das erste Mal im Leben ein Stück Sicherheit genommen, die wir uns schrittweise wieder zurückholen, sofern wir in einem liebevollen Umfeld aufwachsen. Zeit unseres Lebens sind wir darauf bedacht, in Sicherheit zu sein. Unser Verhalten ist darauf ausgerichtet, unser Überleben zu sichern.

Früher lebten Menschen noch in Stämmen oder Gruppen bis zu einhundertfünfzig Personen zusammen. Nur wenn man zu einem solchen Clan dazugehörte, hatte man die Sicherheit, nicht jederzeit von einem wilden Tier gefressen oder von einem Mitglied eines anderen Stammes getötet zu werden. Der Ausschluss aus dem eigenen Clan bedeutete damals oft den sicheren Tod. Diese Urangst vor Ausschluss und Ablehnung ist auch heute noch in uns verankert. Wir alle wollen anderen gefallen und suchen die Verbindung mit anderen Menschen.

Ohne Bindung überleben wir nicht. Selbst in der heutigen Zeit, in der die Wahrscheinlichkeit, von einem wilden Tier gefressen zu werden, sehr gering ist. Das bewiesen die sogenannten Kaspar-Hauser-Versuche, die ursprünglich angedacht waren, um Antworten auf die Sprachentwicklung geben zu können. Der erste dieser Versuche geht auf Kaiser Friedrich II. von Hohenstaufen (1194 bis 1250) zurück. Er wollte die ursprüngliche Sprache der Menschheit herausfinden. Deshalb ließ er einige neugeborene Babys ihren Müttern wegnehmen und an Ammen übergeben. Sie sollten den Neugeborenen Milch geben und die Babys waschen, aber keinesfalls mit den Kindern in irgendeine Form der Bindung gehen. Sie durften nicht mit ihnen sprechen oder sie in den Arm nehmen. Der Kaiser wollte untersuchen, welche Sprache die Kinder später sprechen würden. Aber so weit sollte es nicht kommen, denn alle Babys starben. Sie konnten ohne die Nähe und ohne die Liebkosungen ihrer Ammen nicht leben.

Bindung gibt Sicherheit. Und in der Kombination aus Bindung und Sicherheit können wir uns autonom verhalten. In dieser Verbindung können wir sein, wer wir sind, und wir verhalten uns danach.

Das ist psychologische Sicherheit.

Das bedeutet, dass in einem Umfeld von psychologischer Sicherheit der Mensch sich weniger am Außen orientieren muss. Er verhält sich nicht, um jemandem gefallen zu müssen, um nicht ausgeschlossen zu werden. Vielmehr kann er sich an seinem Inneren, seinen Werten und seinen Zielen orientieren. Das Verhalten resultiert demnach nicht aus einer Angst vor Ablehnung, also aus einem Weg-von-Impuls, sondern aus einem Hin-zu-Streben.

Um die Spieltheorie an dieser Stelle noch einmal aufzugreifen: Psychologische Sicherheit ist die Basis für paretooptimales Verhalten.

1.1 Die Neurobiologie hinter der psychologischen Sicherheit

Um Teams oder einzelne Menschen bestmöglich dabei begleiten zu können, in ihre psychologische Sicherheit zu kommen, ist es wichtig, die Symptome von Unsicherheit zu kennen und sie auch in unserem Gegenüber und in uns selbst wahrnehmen zu können. Dabei hilft uns sehr, das Nervensystem in den Blick zu nehmen und mithilfe des sogenannten Stresstoleranzfensters zu verorten, wo sich ein Mensch gerade befindet.

Der Zustand der psychologischen Sicherheit ist komplex und von vielen Faktoren abhängig, nicht nur dem Außen. Um diesen Zustand ausreichend erfassen zu können und das Gefühl von Sicherheit greifbarer zu machen, ist es wichtig zu verstehen, was neurobiologisch in uns abläuft, wenn wir uns sicher oder unsicher fühlen.

Es geht also auch darum, die autonomen Zustände des Nervensystems erkennen und unterscheiden zu können. Wir schulen unseren Blick – was durch das Hintergrundwissen möglich wird – dafür, Angst und deren Stressreaktionen zu erkennen und auch die latenten und subtileren Zustände nicht zu übersehen. Dadurch wird es uns möglich, passende Angebote für den gegenwärtigen Moment zu machen. Das ist der Grund, warum ich in den nächsten Kapiteln in die Tiefe unseres Nervensystems und unseres Gehirns einsteige. Ich erläutere die Neurobiologie von Angst und Stress. Wie entsteht Angst, woran zeigt sie sich neurobiologisch, was passiert in unserem Körper und wie können wir neurobiologisch wieder in einen Zustand von Sicherheit kommen?

Es kann sein, dass du an der ein oder anderen Stelle beim Lesen in die Innenschau gehen wirst und eine Art Selbst-Check machst. Das ist gut und von mir auch so angedacht. Denn nur eine Person, die sich ihrer selbst bewusst und darüber selbstsicher ist, kann ein Umfeld entstehen lassen, in dem Menschen sicher arbeiten und leben können.

1.1.1 Die Suche nach der Sicherheit im Außen

Unser Nervensystem ist so aufgebaut, dass es über Rezeptoren ununterbrochen und ganz automatisch die Umgebung nach Gefahren absucht. Es will damit unser Überleben schützen.

Heute ist es weniger der Säbelzahntiger, der um die Ecke kommt und unser Leben bedroht. Im einundzwanzigsten Jahrhundert kann es viel mehr ein Auto sein, das aus einer Seitenstraße geschossen kommt. Nicht so unmittelbar wie das Auto, aber genauso bedrohlich kann eine Gruppe von Menschen auf mich wirken, mit denen ich zusammenarbeiten soll, bei denen ich mir aber nicht sicher bin, ob sie mich mit meiner Art akzeptieren. Die Gefahr, abgelehnt zu werden, wirkt heute wie gestern als starke Bedrohung auf uns. Das bedeutet, dass wir ständig unser Außen bewerten und darauf in Millisekunden reagieren. Dabei ist es egal, ob das, was wir sehen, wirklich eine Tatsache ist oder nur eine Vorstellung in unserem Kopf.

Um es an einem Beispiel zu veranschaulichen: Wenn du im Wald spazieren gehst und meinst, einen Bären zu sehen, wird automatisch dein autonomes Nervensystem anspringen und dein Körper wird entsprechend reagieren. Du wirst merken, wie dein Puls schneller geht. Vielleicht wirst du förmlich vor Angst erstarren oder du wirst schneller, als du je gelaufen bist, vor dem Bären davonrennen. Völlig unabhängig davon, ob der Bär wirklich dort steht oder ob es eine Sinnestäuschung war. Entscheidend bei der Reaktion ist deine Bewertung der äußeren Situation.

Neurobiologisch könnte man es wie folgt beschreiben: Zwischen deinem Außen und dem, was du daraus machst, wie du es interpretierst, ist eine Art Filter eingebaut. Dieser Filter nimmt alle Informationen aus der Umgebung auf und sammelt sie. Sicherheit entsteht dann, wenn dieser Filter das Ergebnis ableitet, dass keine Gefahr droht oder besteht.

Der Filter setzt sich aus vier Ebenen der Wahrnehmung zusammen:
1. **Exterozeption**: die Fähigkeit, die Umwelt wahrzunehmen.
2. **Interozeption**: die Fähigkeit, die Innenwelt wahrzunehmen.
3. **Propriozeption**: die Fähigkeit, die Lage des Körpers im Raum wahrzunehmen.
4. **Neurozeption**: die Gesamtheit von Innen und Außen.

1. Exterozeption

Wir nehmen unsere Umgebung über unsere Sinne wahr. Wir schmecken, hören, riechen, sehen und fühlen. Darüber werden wir mit Informationen versorgt. Unbewusst und permanent bewerten wir darüber die Situation oder die Umgebung, in der wir uns befinden.

Auch komplexe Wahrnehmungen wie die der Stimmung zwischen Menschen oder der Atmosphäre einer Situation gehören dazu. Du kennst sicherlich das Gefühl, wenn du in einen Raum kommst, in dem vorher gestritten wurde. Du spürst sofort, dass hier etwas nicht stimmt.

Die Wahrnehmung des Außen ist ein Teil unseres inneren Sicherheitssystems und eine wichtige Fähigkeit, um einschätzen zu können, wie sicher wir uns fühlen können.

2. Interozeption

Die Interozeption ist die Wahrnehmung unserer Innenwelt, also die Wahrnehmung unseres Körpers und seines Zustandes. Hunger und Durst sind beispielsweise Teil der Interozeption. Auch wenn wir Halsschmerzen bekommen und uns matt und kränklich fühlen, ist das ein Signal unseres inneren Sicherheitssystems, das uns meldet: »Achtung, schone dich besser.«

3. Propriozeption

Um die Liste zu vervollständigen, sei hier auch die Propriozeption genannt. Sie bezeichnet die Wahrnehmung des eigenen Körpers nach dessen Lage im Raum. Für unser Thema wird dies nicht weiter relevant sein.

4. Neurozeption

Intero- und Exterozeption sind in einem ständigen Wechselspiel. Sie hängen miteinander zusammen und werden in dieser Verbundenheit Neurozeption genannt. Du kannst dir das in etwa so vorstellen wie die Sicherheitssysteme in deinem Auto. Sie sind aufeinander abgestimmt, laufen im Hintergrund mit, ohne etwas dafür tun zu müssen. Dieses Frühwarnsystem wertet kontinuierlich die komplexen neurobiologischen Abläufe im Innern aus und es meldet uns, wenn wir in Gefahr sind. Es sichert damit unser Überleben.

Wie sensibel unser System reagiert, wird maßgeblich davon beeinflusst, was wir im Laufe unseres Lebens über Gefahr und Sicherheit gelernt haben. Insbesondere, wie viel Stress wir in unserer Kindheit und Jugend erlebt haben.

Deshalb sollten wir uns oder andere Menschen auch nicht abwerten, wenn wir ängstlich oder unsicher sind. Was für den einen noch sicher ist, fühlt sich für den anderen unsicher an. Und beides ist im Sinne der jeweiligen Neurozeption wahr und richtig.

1.1.2 Sicherheit ist ein subjektives Erleben

Die Interozeption, Exterozeption und Neurozeption eines Menschen entwickeln sich bereits im Mutterleib und sie bilden sich im Laufe der Kindheit weiter aus.

Wie oben beschrieben hilft uns unser Frühwarnsystem, zu erkennen, wann etwas gefährlich ist und wann nicht. Dafür muss dieses System mit Informationen darüber versorgt werden, was sicher, was bedrohlich und was lebensbedrohlich ist. Dies geschieht im Kindesalter. Hier schon wird unser Frühwarnsystem programmiert. Durch eigene Erfahrung und die – im besten Fall – gute Begleitung der verantwortlichen Erwachsenen oder durch das Abgucken des Verhaltens bei ebendiesen.

Um es noch etwas konkreter zu machen: Kinder, die in einem bedrohlichen Umfeld aufwachsen, entwickeln eine Exterozeption, die angespannt und übersteuert ist. Die Exterozeption von Kindern, die in einem sicheren Umfeld aufwachsen, reagiert hingegen entspannt aufmerksam.

Es gibt also Menschen, die überall Gefahren sehen und den Teufel an die Wand malen, und Menschen, die entspannter mit dem umgehen können, was sie im Außen vorfinden. Sie entscheiden sich dabei nicht aktiv für ihre Bewertung, es ist ein automatischer Prozess, der in ihrem Innern abläuft. Diesen Prozess kann man jedoch beeinflussen und daran arbeiten – dazu wirst du im zweiten und im letzten Kapitel mehr Informationen finden.

Eine Interozeption, die die inneren Wahrnehmungen schnell als bedrohlich einstuft, entsteht, wenn Kinder früh mit körperlichem Schmerz oder einer Krankheit konfrontiert werden. Hier werden körperliche Symptome früh und

»

Psychologische Sicherheit ist immer ein subjektives Empfinden.

«

stark wahrgenommen. Dadurch können Ängste entstehen, die das weitere Verhalten bestimmen. Wenn Kinder die Welt als gefährlichen und lieblosen Ort kennenlernen mussten, wenig körperliche Berührung bekamen oder Bezugspersonen ausgesetzt waren, die ein schädigendes Verhalten auf das Kind hatten, entwickelt sich daraus eine Neurozeption, die beständig Gefahr meldet.

Bis hierhin lassen sich zwei Schlussfolgerungen ziehen, die für das weitere Verständnis wichtig sind:

1. Die Basis für das, was wir grundsätzlich als sicher empfinden, basiert auf den Erfahrungen unserer frühen Kindheit.
2. Da wir immer auf der Suche nach Sicherheit sind, ist unser Verhalten darauf ausgerichtet. Wir machen nichts, was für uns gefährlich sein könnte.

Diese Zusammenhänge erklären, weshalb verschiedene Menschen sich in ein und derselben Situation unterschiedlich sicher fühlen oder warum bestimmte Menschen mit Veränderungen besser klarkommen als andere. Das gilt auch und gerade für das Verhalten in Beruf und Arbeitsleben.

Dazu ein Beispiel aus meinem Coaching-Alltag:
In meiner Rolle als Coach durfte ich ein Team begleiten, das ein großes Projekt stemmen sollte. Auf dem Projekt lag viel »Management-Attention« und damit lastete ein hoher Erfolgsdruck auf dem Team und der Projektleitung. Das Projekt musste in der vorhergesehenen Zeit und mit dem vorgegebenen Budgetrahmen zum Erfolg gebracht werden. Ein vorhergehender Projektleiter war bereits von dem Projekt abgezogen und durch einen neuen ersetzt worden.
Es gab innerhalb des Projektteams eine Kollegin, die bezogen auf ihre fachliche Kompetenz sehr geschätzt und immer beratend hinzugezogen wurde. Sie war in ihren Aussagen klar, dabei aber auch persönlich abwertend, wenn Dinge nicht sofort verstanden oder so gemacht wurden, wie sie es sich vorgestellt hatte. Diese Art ihrer Kommunikation wurde toleriert, auch von den Führungskräften.

Ein weiteres Teammitglied war Angelika. Ich nahm sie als eine sehr aufmerksame und schlaue Frau wahr. Sie bekam alles mit, auch die Schwingungen in- und außerhalb des Teams. In meinen Augen brachte sie alle Kompetenzen mit, die es brauchte, um aktiv dazu beitragen zu können, das Projekt zu einem Erfolg werden zu lassen.
Und obwohl sie nicht nur kognitiv stark war, sondern auch hervorragende Antennen für die zwischenmenschlichen Töne hatte, traute sie sich nicht, nach vorn zu treten und Verantwortung zu übernehmen. Sie fühlte sich nur sicher in Besprechungskonstellationen, in denen auch ein Kollege dabei war, der für das Team sprach und die Entscheidungen traf.
Mit der Zeit sprach sich das herum und man lud sie zu immer weniger Besprechungen ein. In der Folge bekam sie immer weniger Aufgaben und Verantwortung übertragen. Das frustrierte nicht nur sie, sondern auch das übrige Team. Ihr wurde zum Vorwurf gemacht, dass sie sich nicht traute, Themen allein zu klären und in die Auseinandersetzung mit anderen Unternehmensbereichen zu gehen.
Über persönliche Gespräche bekam ich ein wenig Einblick in ihre Geschichte. Wirklich sicher hatte sie sich nie fühlen können. Sie hatte nie die Bestätigung bekommen, dass sie gut war, wie sie ist. Sie wuchs zunächst in einem strengen Elternhaus auf, wurde oft kritisiert und mit ihrem großen Bruder verglichen. Angelika hatte Angst davor, einen Fehler zu machen und dafür beschämt zu werden. Das offen zu kommunizieren traute sie sich in ihrem Arbeitsumfeld aber nicht, sie spürte, dass über sie gesprochen wurde.
Angelikas Verhalten in dem Projekt war eine reine Schutzreaktion. Es lag nicht daran, dass sie unmotiviert war oder die Kollegen nicht mochte. Sie hatte einfach nur Angst. Angst vor einem dummen Spruch und Angst davor, in einer Gruppe abgewertet zu werden. Das Gefühl von Beschämung kannte sie noch zu gut aus ihrer Kindheit. Die Erlebnisse waren so schlimm für sie gewesen, dass sie alles dafür tat, es nicht mehr fühlen zu müssen.

Bevor wir also das Verhalten von Menschen verurteilen, sollten wir uns immer die Frage stellen: »Wozu ist das für die Person gut? Wovor schützt es sie?« Denn wie wir gelernt haben, ist unser Nervensystem darauf programmiert, Gefahr abzuwehren. Negative Erlebnisse wie Abwertung, Ausschluss oder Abweisung können dabei genauso als Gefahr wahrgenommen werden wie ein Säbelzahntiger vor über zwanzig Millionen Jahren. Das macht für das Gehirn keinen Unterschied. In Gefahrensituationen gilt dann: Unser Verhalten wird wie zu Säbelzahntigerzeiten vom Stammhirn gesteuert. Verstand und Ratio ade.

Die empfundene Sicherheit bestimmt also unser Verhalten. Sicherheit ist die Voraussetzung, um überhaupt gut arbeiten und offen für Neues sein zu können. Sie ist die Essenz dafür, dass wir das, was an Potenzial in uns steckt, überhaupt leben können.

Diese Tatsache sollte immer berücksichtigt werden, wenn mit Menschen gearbeitet wird. Insbesondere dann, wenn man in einer Form für sie oder den gemeinsamen Prozess verantwortlich ist. Beispielsweise in der Rolle als Führungskraft oder Coach.

Reflexionsfragen

Wie fühlt sich für dich Sicherheit an? Gibt es ein Bild in dir dazu?

Wann fühlst du dich sicher? In welchen Situationen, mit welchen Menschen, in welcher Umgebung?

Was benötigst du, um dich sicher fühlen zu können?

Was nimmst du aus diesem Abschnitt an Erkenntnissen und Gedanken mit?

1.2 Woran kann man das Gefühl von Sicherheit messen?

Der Zustand von Sicherheit und Unsicherheit ist neurobiologisch abbildbar. Dafür hat der amerikanische Psychologe und Achtsamkeitsforscher Daniel Siegel das Stresstoleranzfenster beschrieben (»Window of tolerance«). Es dient als Modell für die einfache Veranschaulichung unseres Nervensystems: Es meldet uns entweder Sicherheit oder Gefahr.

Wir erinnern uns: Ein Mangel an (empfundener) Sicherheit führt zu Stress. Die Stressreaktionen geben uns Auskunft darüber, wo wir uns in unserem Toleranzfenster aufhalten.

1 | **Erregungsniveau**

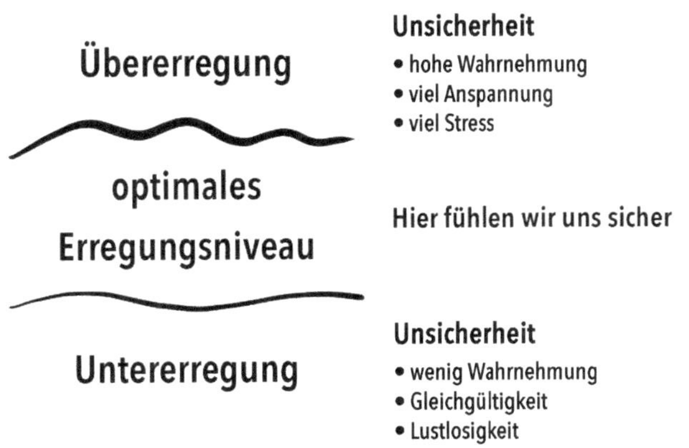

Es gib drei Bereiche des Erregungsniveaus:

1. Den Bereich des optimalen Erregungsniveaus: dort, wo wir uns sicher fühlen.
2. Den Bereich der Übererregung unter Unsicherheit. In diesem Zustand ist unsere Wahrnehmung stark geweitet. Wir stehen unter Anspannung, sind gestresst und nehmen unser Außen als bedrohlich wahr. Unsere Exterozeption steht förmlich unter Feuer.

   Beispielhafte Symptome der Übererregung können sein:
   - innere Unruhe,
   - Konzentrationsschwierigkeiten,
   - körperliche Unruhe,
   - Schlaflosigkeit,
   - Gedankenkarussell,
   - Reizbarkeit,
   - Wut.

3. Den Bereich der Untererregung unter Unsicherheit: Wir nehmen weniger von unserem Außen wahr. Auch die Interozeption ist abgeschwächt.

   Beispielhafte Symptome der Untererregung können sein:
   - wenig Ausdruck in Mimik und Gestik,
   - Leere im Kopf,
   - Verlust von Konzept und Zusammenhang,
   - Schwierigkeiten, Entscheidungen und Planungen umzusetzen,
   - Gleichgültigkeit,
   - Verlust von Motivation,
   - Unterstützung wird nicht gesucht,
   - Rückzug, Vermeidung sozialer Kontakte,
   - keine Präsenz.

Wie gut wir mit Stress umgehen können und wie schnell wir außerhalb unseres Stresstoleranzfensters gelangen, ist abhängig davon, wie groß unser Stresstoleranzfenster ist. Das wird wiederum, wie oben beschrieben, zu einem Großteil durch unsere frühen Prägungen im Sinne von Erfahrungen und Erlebnissen in Bezug auf Gefahr und Sicherheit bestimmt. Wenn sich das Nervensystem eines Kindes ungestört entwickeln kann, wird es im Erwachsenenalter ein breites Stresstoleranzfenster haben. Umgekehrt gilt dasselbe. Erfahrungen in Kindheit, Jugend und Schule können das Stresstoleranzfenster auch verkleinern. Die Größe des Stresstoleranzfensters ist also sehr individuell. Auch diskutieren Experten darüber, inwieweit das Stresstoleranzfenster genetisch vordefiniert ist. Es spricht einiges dafür, dass auch das ein Faktor ist.

Wenn wir also ein Umfeld psychologischer Sicherheit erschaffen wollen, ist es wichtig, diesen Zusammenhang bewusst vor Augen zu haben. Das umgebende System sollte so sicher sein, dass jeder innerhalb seines Stresstoleranzfensters agieren kann – unabhängig davon, wie weit es ausgeprägt ist. Wir sollten immer die Erwartung haben, dass Menschen sehr unterschiedliche Sicherheitsbedürfnisse haben und sich unterschiedlich verhalten. Ein solches für eine Gruppe von Menschen passendes Umfeld können wir nicht allein erzeugen, es ist eine Aufgabe, die besser gemeinsam mit dem Team angegangen werden sollte. Führende sollten nicht in die Falle laufen, dass sie sich allein für die Herstellung psychologischer Sicherheit verantwortlich fühlen.

Reflexionsfragen

Erinnere dich an Situationen, in denen du in der Mitte deines Stresstoleranzfensters warst und dich ruhig und sicher fühltest. Was sind das für Situationen? Wie fühlt sich dieser Zustand in deinem Körper an?

In welchen Situationen gerätst du in die Übererregung und außerhalb deines Toleranzfensters? Welche körperlichen Symptome zeigen sich dann bei dir?

Kennst du die Symptome der Untererregung aus deinem eigenen Leben?

Schau noch mal in die Situationen, in denen du dich sicher fühlst. Was tust du in diesen Situationen? Könnten dich diese Aktivitäten wieder in dein Stresstoleranzfenster holen, wenn du mal draußen bist?

1.3 Bei Gefahr und Sicherheit übernimmt unser autonomes Nervensystem

Der Teil unseres Nervensystems, der unser Verhalten in Sicherheit und Gefahr bestimmt, ist das autonome oder vegetative Nervensystem. Es regelt alle organischen Funktionen, die nicht mit dem Willen beeinflusst werden können. Blutdruck, Herzschlag, Lungenfunktion, Verdauung und viele andere Prozesse unseres Körpers werden darüber gesteuert.

Neben dem enterischen Nervensystem gehören zum autonomen Nervensystem zwei weitere Bereiche, die wir uns in den folgenden Abschnitten genauer ansehen werden: das sympathische und das parasympathische Nervensystem.

Die beiden Anteile agieren im Wechselspiel miteinander, wenn es um Anspannung und Entspannung geht. Daher erleben wir auch unterschiedliche körperliche Symptome, wenn wir uns sicher und entspannt fühlen oder angespannt und gestresst.

1.3.1 Das sympathische Nervensystem: der Energieverteiler bei Gefahr

Wenn du dich in die letzte Situation hineinversetzt, in der du einen Vortrag gehalten hast oder erschrocken bist, wirst du den sympathischen Anteil deines Nervensystems spüren. Er versetzt dich in einen fokussierten Zustand, gibt dir Energie und fördert deine Aufmerksamkeit.

Du atmest schneller, dein Herz schlägt schneller und dein Blutdruck erhöht sich. Dir wird die Energie gegeben, die du benötigst, um mit den Anforderungen umgehen zu können. Je höher dabei die Herausforderung im Außen ist, desto stärker reagiert der Sympathikus. Er ist also der Teil, der uns in Gefahrensituationen in einen Zustand versetzt, in dem wir sofort reagieren können. Er fungiert dabei als ein optimaler Energieverteiler, denn er mobilisiert sie in den Organen unseres Körpers, die notwendig sind, um in Gefahr

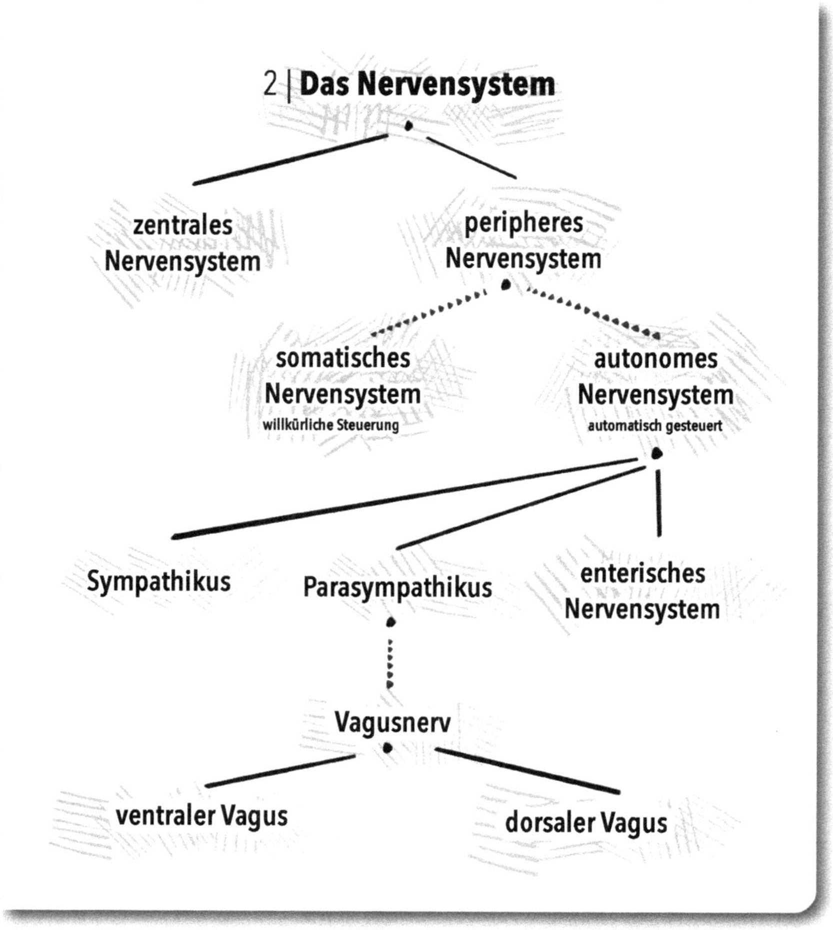
2 | Das Nervensystem
zentrales Nervensystem
peripheres Nervensystem
somatisches Nervensystem
willkürliche Steuerung
autonomes Nervensystem
automatisch gesteuert
Sympathikus
Parasympathikus
enterisches Nervensystem
Vagusnerv
ventraler Vagus
dorsaler Vagus

fliehen oder angreifen zu können. Dazu gehört zum Beispiel eine gesteigerte Durchblutung unserer Muskeln. Gleichzeitig wird aber die Durchblutung der Haut verringert.

Weitere Beispiele für die Wirkungsweise des Sympathikus:
- Herz: Beschleunigung des Herzschlags
- Lunge: Erweiterung der Bronchien
- Augen: Erweiterung der Pupillen
- Drüsen: Speicheldrüse: weniger Speichelproduktion; Schweißdrüsen: erhöhte Schweißproduktion
- Magen-Darm-Trakt: verringerte Bewegung, geringere Produktion von Verdauungssekreten
- Blase: Harn wird zurückgehalten

Dass dabei kein Säbelzahntiger vor uns stehen muss, damit sich diese Körperreaktionen zeigen, spürst du, wenn du aufgeregt bist: Du bekommst kalte, schwitzige Hände, einen trockenen Mund und dein Herz schlägt schneller. Die Interpretation dessen, was wir wahrnehmen, hat demnach unmittelbare körperliche Auswirkungen, die wir nicht aktiv steuern können. Es ist eine autonome Reaktion unseres Körpers, um unser Überleben in Gefahr zu sichern.

1.3.2 Das parasympathische Nervensystem: Rest and Reset in Sicherheit

Wenn du dich an deinen letzten schönen Urlaub erinnerst und dich gedanklich noch einmal in die Hängematte legst, mit Blick auf das Meer, könnte sich dein parasympathisches Nervensystem melden und dich erneut in diesen entspannten Zustand bringen. Denn genau dafür ist dieser Teil unseres Nervensystems da: zur Regeneration und Entspannung.

Das parasympathische Nervensystem besteht aus vielen Nervenzellen, die im Hirnstamm und im Sakralmark des Rückenmarks liegen, sozusagen am unteren Ende deines Kopfs und am Ende deines Rückenmarks. Damit umrahmt der Parasympathikus den Sympathikus in seiner Lage im Rückenmark.

» Im Zustand von Angst steuert das autonome Nervensystem unser Verhalten. Deshalb fühlen wir uns in diesen Momenten oft fremdbestimmt. «

Das parasympathische Nervensystem reguliert viele innere Organe in der Ruhephase:

- Herz: Verlangsamung der Herzfrequenz
- Lunge: Verengung der Bronchien
- Verdauungstrakt: vermehrte Bewegung, erhöhte Produktion von Verdauungssekreten
- Augen: Pupillenverengung
- Drüsen: Speicheldrüsen: erhöhte Speichelproduktion; Bauchspeicheldrüse: erhöhte Produktion von Verdauungsenzymen

Wenn du das nächste Mal auf dem Sofa liegst und deinen Bauch gluckern hörst, weißt du nun, dass du entspannt bist und dein Parasympathikus angesprungen ist. Auch hier zeigt sich an den Körperreaktionen, wie wir unser Außen interpretieren. In diesem Fall: sicher und entspannt.

Im nächsten Schritt schauen wir uns den zehnten Hirnnerv des parasympathischen Nervensystems an, den Vagusnerv (Nervus vagus). Er spielt eine bedeutungsvolle Rolle, wenn es um das Gefühl von Sicherheit geht.

Der Vagusnerv hat zwei unterschiedliche Pfade, den ventralen (vorderseitigen) und den dorsalen (rückseitigen) Pfad. Diese beiden Teile haben nach dem Neurowissenschaftler Stephen Porges, dem Begründer der Polyvagaltheorie, zwei unterschiedliche Aufgaben im Kontext von Sicherheit beziehungsweise Gefahr (= Stress).

1.3.3 Der ventrale Vagus: der Möglichmacher von sozialer Interaktion

Wenn wir über das Thema psychologische Sicherheit sprechen, meinen wir dabei vorrangig die soziale Sicherheit in unserem umgebenden System. Das bedeutet, wie verlässlich sind die Verbindungen zu den anderen Menschen, mit denen ich lebe und arbeite. Kann ich davon ausgehen, dass ich so, wie ich bin, angenommen werde?

Um das einschätzen zu können, muss der ventrale Vagus aktiv sein. Denn wir müssen die Gefühlslage anderer Menschen über deren Körpersprache, Mimik, Gestik und deren Tonfall wahrnehmen und dabei hilft uns der ventrale Vagus. Nur mit ihm können wir in die Verbindung zu einem anderen Menschen gehen. Je mehr wir uns dabei gesehen und angenommen fühlen, desto tiefer empfinden wir dabei die Verbundenheit.

Jeder, der schon mal ein sehr vertrauensvolles Gespräch mit einer nahestehenden Person hatte, wird das Gefühl kennen, das sich dabei in einem ausbreitet. Wenn wir mit Sprache versuchen, dieses Gefühl zu beschreiben, dann wären die passenden Worte, es als ein wohliges und warmes Gefühl zu formulieren, das mir signalisiert: »Hier und jetzt ist alles gut, hier bin ich sicher«. Das Empfinden tiefer Verbundenheit führt zu psychologischer Sicherheit und wirkt einer sympathikotonen Erregung entgegen. Das heißt, über ventral-vagale Interaktionen können wir wieder in unser Stresstoleranzfenster gelangen.

Verbundenheit ist dabei das zentrale Element, da der ventrale Vagus der biologische Teil unserer zutiefst sozialen Natur ist. Allerdings kann er auch unser Verhalten in eine andere Richtung beeinflussen. Unter zwischenmenschlichem Stress ist dieser Teil des Parasympathikus auch an einer Überlebensreaktion beteiligt.

Anders als beim Sympathikus, der unter Gefahr unsere Überlebensenergie für Flucht und Kampf mobilisiert, führt uns der ventrale Vagus in die Unterwerfungsreaktion (die sogenannte Fawn Response): Wir verhalten uns beschwichtigend, anbiedernd und gefällig, um nicht ausgestoßen oder abgewertet zu werden.

Das bedeutet: Wenn du beispielsweise bei der Arbeit Kollegen hast, bei denen du ein solches Verhalten beobachtest, kann das ein Zeichen dafür sein, dass sich diese Personen in ihrem sozialen Umfeld nicht sicher fühlen. Sie wollen anderen gefallen, um sich zu schützen. Je nach den gemachten Erfahrungen in der Vergangenheit kann das heutige soziale Umfeld mehr oder weniger bedrohlich wirken.

1.3.4 Der dorsale Vagus: der Hauptschalter unseres Sicherungskastens

Der dorsale Pfad hat ebenfalls zwei gegensätzliche Wirkmechanismen, je nachdem, ob wir uns sicher oder unsicher fühlen. In absoluter Sicherheit ermöglicht er uns zu entspannen und zu genießen, wenn wir bewegungslos sind. Das sind Situationen wie bei einer wohltuenden Massage oder wenn du bei deinem Partner im Arm liegst und ihr gemeinsam das knisternde Feuer eures Kamins beobachtet. In solchen Situationen regenerieren wir tief und erleben ein wunderschönes Gefühl von Sicherheit und Geborgenheit.

Anders ist es, wenn wir einer extremen Bedrohung ausgeliefert sind, der wir selbst mit der mobilisierten Energie des Sympathikus nicht begegnen können. Unser Nervensystem ist überlastet und Flucht oder Kampf können uns nicht mehr aus der Situation retten. Dann entfaltet der dorsale Vagus eine ähnliche Wirkung wie ein FI-Schalter im heimischen Sicherungskasten. Der FI-Schalter ist eine Schutzvorrichtung, die bei Fehlerströmen einen Stromkreis einfach abschaltet. Der dorsale Vagus macht dasselbe. Er schaltet uns gewissermaßen ab.

Er schaltet uns in diesem Moment aus und versetzt unseren Körper in einen Zustand der Immobilität. Dieser Zustand wird auch Shutdown genannt. In der Tierwelt kann man das bei Fluchttieren beobachten, die von ihrem Jäger erbeutet werden. Sie scheinen tot zu sein, so regungslos liegen sie am Boden. Aber sobald der Jäger einen Moment unaufmerksam ist, schaffen sie es von einem auf den anderen Moment aufzuspringen und wegzulaufen.

Die autonomen Abläufe des Nervensystems sind hier in der Abfolge klar zu erkennen: Der dorsale Vagus führt in den Shutdown und der Sympathikus verhilft dem Tier anschließend zur rettenden Flucht. Ein beeindruckender Mechanismus, um das Überleben in der Natur zu sichern.

3 | **Das vegetative Nervensystem**

(in Anlehnung an Verena König)

ventral parasympathisch

in Sicherheit

- Sicherheit
- Geborgenheit
- Kontakt und Verbundenheit
  - Blickkontakt
  - Mimik
  - stimmlicher Tonfall
- Beruhigung und Erholung
- Regulation

unter Stress

- Beschwichtigung
- soziale Unterwerfung
- sich anbiedern
- gefällig sein
- sich aufopfern

sympathisch

in Sicherheit

- Handlungsbereitschaft
- Wachheit
- Leistungsfähigkeit

unter Stress

- Ausschüttung von Stresshormonen
- Mobilisierung von Überlebensenergie für Kampf oder Flucht
- Anstieg von:
  - Herzschlag
  - Atemfrequenz
  - Erregung
- Drosselung von:
  - Sicherheitsgefühl
  - Kontaktfreudigkeit
  - Verdauung
  - Speichelfluss

dorsal parasympathisch

in Sicherheit

- tiefe Regeneration
- Bewegungslosigkeit ohne Angst

unter Stress

- Ausschüttung von Endorphinen und Analgetika
- Immobilität (Bewegungslosigkeit in Angst)
- Erstarrung (Totstellreflex)
- Drosselung von:
  - Herzschlag
  - Atemfrequenz
  - Muskeltonus
  - Kontaktfreudigkeit

1.3.5 Wie wir bei fehlender Sicherheit aus unserem Lebensfluss geraten können

Wie sieht nun ein Shutdown bei uns Menschen aus? Dazu nehme ich euch in eine Arbeitswoche von Nathalie mit.

Nathalie ist eine sehr engagierte Mitarbeiterin in der IT, die grundsätzlich viel Freude an ihrer Arbeit hat. Über den Tag hinweg bewegt sie sich wie jeder Mensch wellenförmig durch ihr Stresstoleranzfenster.

Sie steht morgens auf, trinkt ihren ersten Kaffee, geht dann an den Schreibtisch und überfliegt die neuen E-Mails, die seit dem gestrigen Feierabend eingegangen sind. Ihre Aufmerksamkeit geht dabei sofort auf die Absenderadressen oder Betreffzeilen, die ihr Gefahr melden könnten: ihre Chefin, die mit einem neuen Auftrag um die Ecke kommen könnte, der bis heute Abend fertig sein soll. Oder die Betreffzeile, die Probleme heraufbeschwört. Ihr Sympathikus übernimmt das Ruder, und je nachdem, wie sehr sie die Nachricht beunruhigt, bemerkt sie einen höheren Grad der Erregung in sich. Wie ihr Gehirn den Inhalt der E-Mail bewertet, entscheidet darüber, wie stark ihr Sympathikus sie an den oberen Rand ihres Toleranzfensters bringt oder sogar darüber hinaus.

Findet sie eine Lösung oder zumindest eine Herangehensweise für das Problem, nimmt die Energie, die der Sympathikus bereitgestellt hat, wieder ab. Ihr Puls beruhigt sich. Solange sie sich innerhalb ihres Toleranzfensters befindet, kann sie ihrer Arbeit fokussiert und entspannt nachgehen.

An einem Morgen springt ihr eine Nachricht direkt ins Auge. Betreff: Systemausfall! Sie merkt augenblicklich, wie ihr das Blut in den Kopf schießt und ihr Puls anfängt zu rasen. Das IT-System eines Kunden, bei dem unter anderem sie einen neuen Prozess entwickelt hat, scheint in die Knie gegangen zu sein. Der Kunde hat sich bei ihrer Chefin über sie beschwert und es werden ihr Vorwürfe gemacht.

Sie ruft sofort ihre Chefin an, um die Hintergründe zu verstehen und das Thema zu klären. Ihre Chefin beruhigt Nathalie und gibt ihr dadurch die Sicherheit, dass sie es wieder geradebiegen kann. Nathalie kommt wieder zurück in ihr Stresstoleranzfenster und kann in diesem Zustand in die Ursachenforschung gehen. Dabei fällt ihr auf, dass der Fehler von Kollegen aus einer anderen Abteilung begangen wurde. Erleichtert und auch ein wenig stolz, dass sie die Ursache des Problems so schnell gefunden hat, schreibt sie eine E-Mail an alle, die diese Information bekommen sollten, um das System des Kunden wieder schnell zum Laufen zu bekommen.

Was danach passiert, wirft sie komplett aus der Bahn: Es folgen E-Mails mit Anschuldigungen und die Geschäftsführung bekommt Kopien dieser E-Mails. Nachts kann sie nicht schlafen und auch in den nächsten Tagen beruhigt sich die Lage nicht. Ihre Chefin geht auf Distanz zu ihr. Selbst nachdem der Vorfall geklärt werden konnte und das IT-System wieder läuft, scheinen die Dinge bei der Arbeit anders zu laufen.

Monate vergehen, in denen sich Nathalie in einer Art Mobbingsituation befindet. Sie versucht, Kontrolle über die Lage zu bekommen, indem sie sich noch mehr anstrengt und noch länger arbeitet. Sie will zeigen, dass sie eine gute Mitarbeiterin ist. Über die Zeit wird sie immer fahriger und unruhiger. Sie läuft schon seit Wochen oberhalb ihres Stresstoleranzfensters. Ihr Sympathikus ist dauerhaft in Aktion und lässt sie nicht mehr zur Ruhe kommen. Ihr ganzes System ist im Alarmzustand und wittert überall Gefahr. In jeder E-Mail kann die nächste Bösartigkeit lauern. Es fühlt sich für sie wie ein Überlebenskampf an.

Der FI-Schalter ihres Körpers, der dorsale Vagus, zieht jetzt die Notbremse: Er reißt sie aus der Übererregung. Allerdings entzieht er ihr dabei wirklich sämtliche Energie, sodass sie unterhalb ihres Stresstoleranzfensters gerät. Nathalie fühlt sich völlig antriebslos. Sie kommt morgens nicht mehr aus dem Bett und selbst die einfachsten Dinge fallen ihr schwer, sodass sie auch nicht mehr arbeiten kann. Der dorsale Shutdown wird vom Arzt als Burn-out diagnostiziert.

5 | **Das Stresstoleranzfenster bei dauerhaftem Stress**

(in Anlehnung an Verena König)

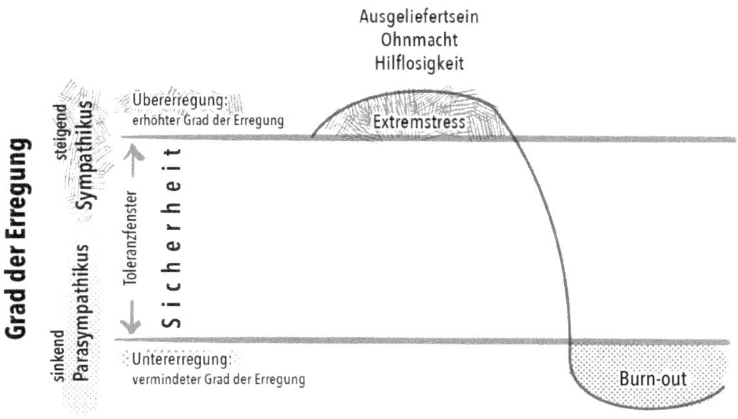

Reflexionsfragen

Wenn du dir einen typischen Arbeitstag von dir anschaust, in welchem autonomen Zustand befindest du dich am häufigsten? Bist du beispielsweise eher in der Übererregung, also so stark gestresst, dass du dich zeitweise ohnmächtig und machtlos fühlst?

Findest du deinen Arbeitslebensfluss gut oder möchtest du gerne etwas daran ändern? Wenn du etwas ändern möchtest, was könnte dich dabei unterstützen?

Wann hast du das letzte Mal deinen Sympathikus in einer positiven Weise gespürt? Wann warst du das letzte Mal freudig aufgeregt?

- **Was hast du dafür getan?**

- **Wie hat sich das im Körper angefühlt?**

- **Würdest du davon gerne mehr in deinem Leben haben? Wenn ja, was könntest du dafür tun?**

Wann war das letzte Mal dein Parasympathikus im positiven Sinne aktiv? Wann warst du das letzte Mal so richtig tiefenentspannt und hast den Moment genießen können?

- **Was war ursächlich für die Entspannung?**

- **Wie hat sich das im Körper angefühlt?**

- **Was kannst du tun, um häufiger in diesen Zustand zu kommen?**

»

Sich selbst zuzuhören ist das Lehrreichste, was wir ohne großen Aufwand machen können.

«

1.4 Eigenschaften eines psychologisch sicheren Umfelds

Wir haben bis hierhin gelernt, was mit uns passiert, wenn wir uns nicht sicher fühlen. Das heißt, wie und wann unser Nervensystem Gefahr meldet. Gefahren waren früher ein Säbelzahntiger, heute wird eine Konfliktsituation als existenzielle Bedrohung durch das Unbewusste gewertet. Beides versetzt unseren Körper in eine erhöhte Aufmerksamkeitsspanne. Wir werden dann stark von dem, was in unserem Außen passiert, gesteuert. Eigentlich reagieren wir nur noch auf das, was passiert, anstatt einen kühlen Kopf zu bewahren, sehr bewusste Entscheidungen zu treffen und in einen proaktiven Modus zu schalten.

Aber was braucht es, um sagen zu können, dass es sich um ein Umfeld handelt, in dem sich alle sicher fühlen können? Ein Umfeld, in dem das Nervensystem entspannen kann und wir unsere Energie und unseren Fokus auf die Themen legen können, an denen wir arbeiten, und nicht darauf, Gefahr abwenden zu müssen.

Dazu dürfen wir uns wieder unserer Natur zuwenden: Wir sind soziale Wesen, wir benötigen die Verbindung zu anderen, das ist unsere genetische Programmierung. Das heißt, wenn wir uns mit den Menschen, mit denen wir leben oder arbeiten, verbunden fühlen, gibt uns das ein Gefühl von Sicherheit. Neurobiologisch ausgedrückt: wenn der ventrale Vagus im Positiven wirken kann.

Dies geschieht, wenn folgende fünf Punkte erfüllt sind:

1. Anerkennung: Unsere Leistung soll wertgeschätzt werden.
2. Interesse: Wir wollen als Mensch gesehen werden.
3. Respekt: Unsere Bedürfnisse und Gefühle sollen geachtet werden.
4. Wohlwollen: Der Blick auf unsere Stärken und das Vertrauen darein, dass wir in positiver Absicht handeln, geben uns Sicherheit.
5. Selbstbestimmung: Wir benötigen Wahlmöglichkeiten.

Um auch einmal die Gegenseite zu beleuchten: In einem nicht sicheren Umfeld fühlen sich Menschen oft ...

- nicht verstanden,
- nicht gesehen,
- übergangen,
- abgelehnt,
- alleingelassen,
- unter Druck gesetzt,
- überfordert oder
- falsch.

Reflexionsfrage

Schau einmal nach, was du bei den ersten Reflexionsfragen in diesem Kapitel bezüglich deines Gefühls von Sicherheit geantwortet hast.

Wie wichtig ist für dich persönlich das Gefühl von Verbindung in Bezug auf dein Erleben von Sicherheit?

1.5 Essenz

Psychologische Sicherheit kann man neurobiologisch erklären. Hinter dem Gefühl stecken komplexe Abläufe unseres autonomen, unbewussten Nervensystems. Zudem sind Gefühle – auch das Gefühl von Sicherheit – immer subjektiv. In ein und derselben Situation können sich Menschen unterschiedlich sicher oder unsicher fühlen.

2.
Warum ist psychologische Sicherheit so wichtig?

In den bisherigen Abschnitten haben wir uns angeschaut, was psychologische Sicherheit neurobiologisch bedeutet. Was der Zustand von gefühlter Sicherheit in unserem Körper auslöst und was passiert, wenn wir Angst haben und außerhalb unseres Stresstoleranzfensters geraten.

Wir haben auch gesehen, dass die Beurteilung der Welt im Hier und Heute mit der wahrgenommenen Gefahr in unserer Kindheit korreliert. Zudem haben unsere Erfahrungen in der Kindheit Auswirkungen auf unser heutiges Stresstoleranzfenster. Also wie gut wir mit Stress umgehen können und wie wir darauf reagieren.

Vielleicht fragst du dich jetzt, warum ich so viel Aufmerksamkeit auf diese Themen bis hierhin gelegt habe:

1. Betrifft das nicht nur einen kleinen Ausschnitt an Menschen, die in ihrer Vergangenheit traumatische Ereignisse erleben mussten und dadurch noch im Hier und Jetzt davon beeinflusst werden?
2. Müssen wir wirklich unsere Messlatte an die psychologische Sicherheit so hoch legen, damit sich auch dieser Teil der Menschen immer sicher fühlt?

Die Antworten lauten: Erstens nein und zweitens ja.

Zur ersten Frage: Nein, es betrifft nicht nur einen kleinen Ausschnitt der Gesellschaft. Laut einer großen Studie (Kilpatrick et al. 2013: 537–547) von 2013 erleben neunzig Prozent der US-Bevölkerung im Leben mindestens ein traumatisches Ereignis, bei vielen sind es mehrere. Eine repräsentative Stichprobe in der deutschen Bevölkerung aus dem Jahr 2011 zeigte auf, dass fast die Hälfte der Studienteilnehmer(innen) im Kindes- und Jugendalter emotional (49,3 Prozent) beziehungsweise körperlich (48,4 Prozent) vernachlässigt worden war (Habetha et al. 2012).

Es ist hilfreich zu erkennen, dass ein Trauma nicht nur ein überlebter Flugzeugabsturz sein kann. Unsere gängige Vorstellung darüber, was Traumata sind, ist meist zu eng gefasst. Traumatische Erlebnisse können auch in der

Kindheit stattfinden, ohne dass man sie als solche wahrgenommen hat. Vernachlässigung, Bindungsabbrüche, Bestrafung durch Nichtbeachtung oder immerwährende Kritik können dazu zählen.

Es entwickelt sich nicht aus jedem traumatischen Erlebnis eine Folgesymptomatik. Allerdings ist es auch so, dass ein großer Teil von uns unter Traumafolgen leidet, ohne es zu wissen. Symptome wie innere Unruhe, Gedankenkreisen, der Hang zum Perfektionismus, Konzentrationsschwierigkeiten, Schlafstörungen und Selbstzweifel können Traumafolgesymptome sein. Diese Symptome einfach als normal zu bewerten, weil sie fast jeder in unserer Leistungsgesellschaft hat, führt aber in die falsche Richtung. Denn dadurch steigt die Wahrscheinlichkeit, dass wir sie akzeptieren und nicht in die Veränderung gehen.

Damit ist auch die zweite Frage beantwortet: Ja, wir sollten Systeme, Prozesse und Organisationen psychologisch sicher gestalten, damit die darin agierenden Menschen nicht länger in ihren Kompensationsstrategien gefangen bleiben. Kompensationsstrategien sind Verhaltensweisen, die sich Menschen aneignen, um sich nicht mit ihrer Angst beschäftigen zu müssen. Beispielsweise ist die Konfliktvermeidung eine Kompensationsstrategie, um Ablehnung oder Gefühlen wie Wut aus dem Weg zu gehen. Empfundene Sicherheit führt uns dorthin, dass wir nicht aus einer Angst heraus agieren müssen, sondern bei uns bleiben und unser Potenzial leben können.

Du erinnerst dich an Angelika, die Projektmitarbeiterin, die eine solche Angst davor hatte, Fehler zu machen, dass sie sich nicht traute, in die Verantwortung zu gehen? Angelika ist mit ihrer Angst nicht allein. Es gibt viele Menschen, deren Ängste sie abhalten, ihr Potenzial zu zeigen oder für sich einzustehen. Wenn diese Menschen aber in einem psychologisch sicheren Umfeld arbeiten können, werden sie mit großer Wahrscheinlichkeit einen großen Mehrwert beitragen und sie werden für sich neue positive Erfahrungen machen und könnten darüber ihre Traumaerlebnisse ablegen.

2.1 Was macht ein traumatisches Ereignis aus?

In eine traumatische Situation geraten wir, wenn wir außerhalb unseres Stresstoleranzfensters kommen und es nicht schaffen, durch Flucht oder Kampf wieder zurück in unser Toleranzfenster zu gelangen. Es ist verbunden mit dem Gefühl der Machtlosigkeit, der Situation ausgeliefert zu sein und keine Hilfe von außen zu erhalten.

Der letzte Punkt ist ein ganz entscheidender. Denn auch wenn wir in Umstände geraten, die wir als bedrohlich einstufen, kann die helfende Unterstützung von außen dazu führen, dass wir es ohne Traumafolgen schaffen, da herauszukommen. Die Verbindung mit anderen Menschen, das Gespräch mit ihnen und die angebotene Hilfe sind ein wichtiger Sicherheit gebender Anker.

Gerade für Babys und Kleinkinder ist diese Verbundenheit überlebenswichtig. Sie sind naturgemäß noch von ihren Bezugspersonen abhängig, ohne ihre Hilfe und ihren Beistand würden sie es nicht schaffen zu überleben. Sie schaffen es aber allein auch noch nicht, sich zu regulieren, das heißt ihre Gefühle zu kontrollieren. Auch dabei sind sie auf Erwachsene angewiesen.

Um das an einem Beispiel festzumachen: Das Zubettgehen, in einem dunklen Raum allein in seinem Bettchen zu liegen, fühlt sich für ein Baby lebensbedrohlich an. Es kann aufgrund seiner Gehirnentwicklung noch gar nicht einschätzen, dass es an einem sicheren Ort liegt, an dem ihm objektiv gesehen nichts passieren kann. Aufgrund dessen bekommt es Angst und beginnt zu schreien. Eine andere Möglichkeit, um dieser Situation zu entkommen, hat es (noch) nicht. Es kann weder fliehen noch kämpfen. Das Baby erlebt dadurch eine tiefe Hilflosigkeit und das Gefühl des Ausgeliefertseins. Zwei Aspekte, die traumatische Erlebnisse ausmachen.

Eine erwachsene Person könnte dem Baby in dieser Situation über Co-Regulation Sicherheit geben, indem es das Baby auf den Arm nimmt, eine Melodie summt und ihm so zeigt, dass es in Sicherheit und nicht allein ist. Entfällt das, erlebt das Baby einen tiefen Verlust an Sicherheit und Vertrauen. Diese traumatischen Erlebnisse setzen sich im Körper dieser Kinder fest, auch wenn eine kognitive Erinnerung daran ihnen im späteren Leben nicht möglich sein wird. Ihr Körper vergisst es nicht und wird sie in späteren Jahren unter Umständen daran erinnern, wenn sie sich nochmals hilflos fühlen.

Das heißt, dass Babys über diese sogenannten Schlaftrainings nicht das Schlafen lernen, sondern die Wirksamkeit ihres dorsalen Vagus. Wenn ihr Nervensystem diese hohe Erregung nicht mehr aushält, kommt es zum Shutdown. Das Kind hat aufgegeben und schläft aufgrund dessen, dass der Parasympathikus eingreift, und nicht, weil es gelernt hat zu schlafen. Die dafür notwendigen Bereiche in seinem Gehirn sind in seinem jungen Lebensalter noch gar nicht so weit entwickelt.

Was dieses Beispiel aufzeigt, ist zum einen ein traumatisches Ereignis, das sicherlich viele Menschen gar nicht als solches einstufen würden. Zum anderen zeigt es auf, wie wichtig die erfahrene Co-Regulation von Kindern ist. Es ist ein lang andauernder Prozess, der sich auf alle Ebenen der kindlichen Entwicklung auswirkt. Eben auch auf die spätere Stabilität und Weite ihres Stresstoleranzfensters.

Umgekehrt müssen Menschen, die einen Mangel an Co-Regulation erfahren haben, später diesen inneren Halt und die Weitung ihres Stresstoleranzfensters entwickeln. Letzteres kann aber nur in einer sicheren Umgebung stattfinden.

Beispiel Angelika

Angelika beispielsweise hat in ihrer Kindheit wenig liebevolle Zuneigung und Co-Regulation erfahren. Daher schafft sie es in ihrer Arbeitssituation, die geprägt ist von Druck und Unsicherheit, auch nicht, nach vorn zu treten und in die Verantwortung zu gehen. Das wäre ein Schritt in die Unsicherheit und raus aus ihrem Toleranzfenster. Wie wir gelernt haben, sind wir aber darauf programmiert, Gefahr zu vermeiden. Genau danach handelt Angelika.

»

*Du fühlst, wie es war:
Deine Erfahrungen von
gestern bestimmen
dein Sicherheitsgefühl
von heute.*

«

Wenn wir also wollen, dass Menschen wie Angelika ihr Potenzial ausschöpfen und zeigen können, sollten wir unsere Systeme und Prozesse darauf ausrichten, diese psychologisch sicher zu gestalten. Das beginnt bereits im Kindergarten und endet vor allem nicht im Job. Psychologische Sicherheit sollte in jeglichem System mitgedacht werden, damit wir als Gesellschaft heilen können.

Beispiel Michael

Ich möchte dir noch ein Beispiel mitgeben, um aufzuzeigen, welche Symptome sich aufgrund von sogenannten sequenziellen Bindungs- oder Entwicklungstraumata in der Kindheit zeigen:

Michael war ein Klient, der aufgrund seiner Stresssymptomatik zu mir kam. Er war erfolgreicher Manager in einem Konzern und merkte, dass, je weiter er nach oben auf der Karriereleiter kletterte, sein Stresslevel zunahm.

Es war dabei nicht die Quantität, sondern die Qualität der Aufgaben, die ihn stresste. Die fachlichen Themen, die auf seinem Tisch kamen, waren zunehmend Inhalte, mit denen er sich nicht auskannte und bei denen er sich auf seine Mitarbeiter verlassen musste. Zudem hatte er nun mit einem Kollegen auf seiner Hierarchiestufe zu tun, der stark auf Konfrontation aus war und bei jedem Problem, das sich anbahnte, einen Schuldigen aus anderen Bereichen suchte. Da Michael ein Mensch war, der auf Harmonie aus war und immer versuchte, Probleme gemeinsam zu lösen, waren die E-Mails mit den Schuldzuweisungen seines Kollegen ein großer Stressor für ihn.

Er bemerkte bei sich, dass er, wenn eine solche E-Mail in seinem Posteingang aufpoppte, wie erstarrt vor dem Bildschirm saß und regelrecht Panik bekam. Es kostete ihn jedes Mal unglaublich viel Energie, aus seiner Starre herauszukommen und wieder in die Umsetzung zu gehen. Erst, wenn alles in seinen Augen geregelt und die Gefahr gebannt war, konnte er langsam entspannen und sein System runterfahren. Allerdings benötigte er immer länger, um sich zu regenerieren. Die Wochenenden reichten nicht mehr aus und er merkte, wie er auch zu Hause zunehmend angespannter reagierte. Die Situation auf der Arbeit hatte somit Auswirkungen auf sein Privatleben. Seine Ehe und die Beziehung zu seinen Kindern begannen darunter zu leiden.

In Gesprächen erfuhr ich, dass Michael in seiner Kindheit sehr streng erzogen wurde. Leistung und Fleiß wurden mit Anerkennung belohnt. Widerspruch wurde nicht geduldet oder musste mit logischen Argumentationsketten hinterlegt werden. Meistens war er dabei chancenlos und wurde mit dem Gefühl, nicht wichtig zu sein, stehen gelassen. Probleme musste er schon als kleiner Junge allein lösen, für seine Gefühle und Bedürfnisse hatte er keinen Ansprechpartner in der Familie.

Er lernte, dass Leistung, Anpassung und die Vermeidung von Konflikten die besten Strategien sind, um von seinen Eltern zumindest in einer Form positive Zuwendung zu erfahren. Diese Handlungsmuster brachten ihn in der Schule und auch im späteren Beruf weiter. Damit bekam er immer wieder bestätigt, dass sein Verhalten gut und richtig ist.

Jetzt brachte ihn die neue Führungsrolle allerdings an einen Punkt, wo er merkte, dass er mit seinen Vorgehensweisen nicht mehr weiterkam. Er musste in den Konflikt gehen und er brauchte Unterstützung von anderen Menschen. Zwei Dinge, die er bisher nicht erlernt hatte. Gerade das Thema des In-den-Konflikt-Gehens machte ihm so große Angst, die er auch körperlich fühlte.

Neurobiologisch war er außerhalb seines Stresstoleranzfensters. Früher hatten ihm in einer solchen Situation des Kontrollverlusts (E-Mail mit Problem, das er lösen sollte) seine alten Strategien helfen können, um wieder in sein Toleranzfenster zu kommen: Da er sich in seinen alten Rollen mit den Themen bestens auskannte, konnte er durch noch mehr Leistung diese selbst lösen. Er musste sich auf niemand anderen verlassen. Zudem war er ein sehr empathischer Mann und hatte gute Fühler für die zwischenmenschlichen Schwingungen im Außen. Dadurch konnte er sich in Besprechungen immer gut auf sein Gegenüber einstellen und war ein beliebter Kollege, dem man freundlich begegnete.

All das ging nun nicht mehr. Er musste auf andere vertrauen, andere Menschen hinzuziehen und in den Konflikt mit seinem Kollegen auf derselben Hierarchiestufe gehen. Das alles machte ihm Angst. Eine Angst, die so weit ging, dass sein dorsaler Vagus aktiv wurde und ihn in einen Zustand der Immobilität brachte, wenn er die Mail seines Kollegen in seinem Posteingang las.

Um das Bild zu vervollständigen: Auch der konfrontative Kollege schien außerhalb seines Stresstoleranzfensters zu agieren. Seine – vermutlich früh gelernte – Strategie, um mit Gefahr umzugehen, war der Angriff. Was beide Führungskräfte verband, war die Angst, in ihrem Job zu versagen. Die Reaktion auf ihre jeweilige Angst war nur eine andere.

Du siehst, die Erfahrungen aus der Vergangenheit können selbst erfolgreiche Karrieremenschen einholen. Auch Manager haben Angst, zu versagen oder abgelehnt zu werden.

In einem psychologisch sicheren Rahmen sollte niemand davor Angst haben müssen, etwas nicht hinzubekommen. Im Gegenteil, Menschen können in einem psychologisch sicher gedachten System heilen. Dafür braucht es Führungskräfte, Coaches und Begleiter, die Wissen über die Hintergründe von Angst und Sicherheit haben. Denn solche Systeme können wir nur gemeinsam bauen.

2.2 Um selbstsicherer zu werden

Wenn wir selbstsicher sind, trauen wir uns zu, Herausforderungen anzunehmen und sie gut bewältigen zu können. Wir wissen, auf welche Stärken wir uns verlassen können, und sind uns unserer Referenzen in der Vergangenheit bewusst. Das heißt, wir haben Zugriff auf unsere positiven Erfahrungen, die wir in einer ähnlichen Situation gemacht haben, und können selbst daraus Energie ziehen. Es ist dann weniger das Außen, das uns Zuspruch geben muss, damit wir uns Dinge zutrauen. Wir geben uns diesen Zuspruch selbst, die Sicherheit kommt aus uns heraus. Es ist wie ein inneres Wissen, auf das wir zugreifen und auf das wir uns verlassen können.

2.2.1 Wir sind neurobiologisch mehr als nur eine Persönlichkeit

Vielleicht merkst du bei dir selbst, dass du nicht in jedem Bereich deines Lebens gleichermaßen selbstsicher bist. Das liegt daran, dass wir als Persönlichkeit aus verschiedenen Anteilen bestehen. Diese Anteile kannst du wie kleine Persönlichkeiten in dir sehen. Sie haben eigene Erinnerungen, Körperempfindungen, Gefühle, Gedanken, Glaubenssysteme, Bedürfnisse und Fähigkeiten. Sie sind durch wiederholte Erfahrungen gebildet worden.

Neurobiologisch ausgedrückt sind innere Anteile neurophysiologische Repräsentanzen gemachter Erfahrungen. Es handelt sich dabei um neuronale Netzwerke, die sich aus wiederholten Erfahrungen in unserer individuellen Sozialisation in Familie, Beruf und Hobby entwickeln.

Du kannst dir denken, dass unser Umfeld und die Erfahrungen, die wir in Bezug zu diesem Umfeld machen – gerade in Kindheit und Jugend –, entscheidend darauf einwirken, welche Arten von Anteilen wir bilden.

Das Anteilmodell von Dr. Woltemade Hartman unterscheidet drei Kategorien von Anteilen:

- grundsätzlich ressourcenreiche Anteile,
- verletzte Anteile,
- verletzende / destruktiv wirkende Anteile.

Solltest du mit der Inneren-Kind-Arbeit vertraut sein, wird dir auffallen, dass dieses Modell mehr Vielfalt und Komplexität zulässt.

2.2.2 Unsere inneren Ressourcen: der unversehrte Kern

Wir haben verschiedene ressourcenreiche Anteile in uns. Da gibt es etwa die optimistischen, zuversichtlichen, Mut gebenden oder die kreativen Anteile, die musisch oder künstlerisch sind.

Diese neuronalen Netzwerke sind die lebendigen Anteile in uns, die uns Sicherheit geben und über die wir unser Potenzial leben können. Sie bilden sich, wenn wir unter liebevollen Bedingungen aufwachsen konnten und dabei in Sicherheit von unseren Bindungspersonen begleitet wurden.

Diese Anteile entwickeln sich im Laufe unseres Lebens weiter und es können weitere ressourcenreiche Anteile hinzukommen. Du wirst unter anderem, wenn du Mama oder Papa geworden bist, einen neuen Anteil in dir bilden, den du vorher noch nicht hattest. Und dieser Anteil kann dich eine Ressource spüren lassen, auf die du vorher noch keinen Zugriff hattest.

Damit sich die ressourcenreichen Anteile bilden können, ist es auch im Erwachsenenalter wichtig, dass wir uns bei den Erfahrungen, die wir machen, sicher fühlen und nicht in die Überforderung gehen. Dazu später mehr.

Reflexionsfragen

Welche ressourcenreichen Anteile spürst du bei dir? Was für unverletzte Anteile geben dir Halt und das Vertrauen in dich selbst?

In welchen Situationen wirken diese Anteile besonders deutlich?

Wo in deinem Körper kannst du sie spüren?

2.2.3 Die verletzten Anteile

Es gibt leider auch erschwerte Bedingungen, unter denen Kinder aufwachsen. Wenn man mit seinen Sorgen, Gefühlen und Bedürfnissen in seiner Kindheit nicht willkommen war, bilden sich andere Arten von Anteilen. Es geht bei diesen Anteilen dann nicht mehr um den Selbstausdruck, also dass das Kind sein wahres Wesen zum Ausdruck bringen kann, sondern darum, sich zu schützen, um in dem System bestehen zu können.

Wenn ein Kind beispielsweise die Erfahrung macht, in den Augen der Mutter nie etwas richtig machen zu können, dann wird es daraus Strategien entwickeln, um seiner Mutter in einer Form doch noch zu gefallen.

Das Bindungsbedürfnis ist bei Kindern in den ersten Jahren dominant ausgeprägt. Es sichert ihr Überleben. Erst allmählich zieht das Bedürfnis nach Autonomie ein. Mit der Pubertät stehen dann beide Bedürfnisse gleichberechtigt nebeneinander. Daher gibt es für Kinder nicht die Option, sich von den Eltern zu lösen, wenn sie in einem destruktiven Umfeld aufwachsen. Sie sind der emotionalen und verbalen Gewalt ihrer Eltern ausgeliefert.

Erinnere dich an dieser Stelle noch mal an das Stresstoleranzfenster und die Möglichkeiten, die uns gegeben sind, um aus einem Hochstresserlebnis wieder in das Toleranzfenster zu kommen. Das gilt natürlich auch schon für Kinder. Und da sie mit Kampf oder Flucht der Gefahr des Bindungsverlustes nicht begegnen können, genauer gesagt diese Reaktionen die Gefahr noch erhöhen, bleibt ihnen nur die Anpassung. Sie lernen sich zu verbiegen und auf Teufel komm raus zu gefallen, um in der Bindung zu bleiben. Alle anderen Bedürfnisse, zum Beispiel danach, gesehen zu werden, werden hintenangestellt. Das Fachwort für diese Anpassungsstrategie lautet, wie im ersten Kapitel schon einmal erwähnt, Fawn Response.

Die verletzten Anteile, die aus diesen Erfahrungen gebildet wurden, zeigen sich im Erwachsenenalter beispielsweise durch die Angst, sich zu zeigen, oder darüber, immer zu funktionieren und nicht nein sagen zu können. Die

»

Der Fokus auf die eigenen Ressourcen bringt die innere Sicherheit zurück.

«

Man-möchte-es-allen-recht-machen-Strategie ist die Antwort auf die Angst, abgelehnt zu werden.

Da es ein ausgebildeter Anteil in unserem neuronalen Netzwerk ist, kann man diesen Anteil nicht einfach abschalten. Positives Denken und die Arbeit an Glaubenssätzen führen nicht immer zum Erfolg, weil dort rein auf der kognitiven Ebene gearbeitet wird. Unser ganzes System, unser Körper muss aber fühlen, dass wir im Hier und Heute in Sicherheit sind und ein Bindungsabbruch nicht unseren Tod bedeutet.

Beispiel Christine

Christine, eine Coachee von mir, wuchs in einem Elternhaus auf, in dem die Mutter depressiv war und der Vater der Karriere nachging und kaum zu Hause war. Ihre Mutter war viel mit sich beschäftigt und hatte kaum Kapazitäten, um ihren Kindern die nötige Aufmerksamkeit zu schenken. Christine hörte von ihrer Mutter häufiger, dass ihr Leben vor den Kindern schöner war. An Tagen, an denen ihre Mutter besonders unzufrieden war, konnte Christine ihr nichts recht machen. Alles, was sie tat, war falsch. Kam der Vater abends nach Hause, beschwerte sich die Mutter über das Verhalten von Christine und sie musste sich bei ihrer Mutter entschuldigen.

Um dem Gefühl, nicht gut genug zu sein, zu entkommen, versuchte Christine, ihrer Mutter alles recht zu machen oder kaum aufzufallen, um nicht in ihre Schusslinie zu geraten.

Da dies wiederholte Erfahrungen in ihrer Kindheit waren, bildete sich daraus ein verletzter Anteil, der auch in ihrem Erwachsenenleben wirkte. Sie kam zu mir, als sie merkte, dass sie mit ihrem angepassten Verhalten im Berufsleben nicht mehr weiterkam. Ihr Fleiß, ihre Intelligenz und ihre Verlässlichkeit kombiniert mit ihrer umgänglichen Art in Bezug auf andere Menschen hatten sie beruflich weit kommen lassen. Aber sie war nun einen Schritt weiter auf der Karriereleiter gegangen und merkte, dass diese Rolle von ihr forderte, sich deutlicher abzugrenzen und für sich und ihre Themen einzustehen.

Ihre Kompensationsstrategie, sich anzupassen und durch Fleiß und Leistung es allen recht zu machen, half ihr nicht mehr. Ganz im Gegenteil, sie merkte zunehmend, dass sie sich mit dem daraus resultierendem Verhalten im Weg stand. Sie hatte keine Lust und vor allem auch keine Energie mehr, Überstunden zu machen und bei Themen, die ihr eigentlich wichtig waren, klein beizugeben.

Dass uns unsere Kompensationsstrategien im Erwachsenenalter in Teilen noch nützlich sind, macht es uns oft so schwer, sie zunächst einmal als dysfunktionales Verhalten zu erkennen und uns im zweiten Schritt von ihnen zu trennen. Denn unser Verstand bekommt immer wieder die Bestätigung, dass das, was er an Verhalten steuert, gut und richtig ist: Wir leben und sind erfolgreich.

Da unser Verstand immer recht haben will – alles andere bedeutet für ihn Gefahr –, nimmt er diese Rückkopplung gerne an und steuert uns so weiter durch den Alltag. Eine Art Teufelskreis. Bis man achtsam wird und merkt, dass es einem mit dieser Strategie langfristig nicht gut geht. Dann braucht es noch die Entscheidung, diesen Teufelskreis durchbrechen zu wollen.

Reflexionsfragen

Welche verletzten Anteile spürst du bei dir? Erkennst du Kompensationsstrategien, die aus deinen frühen Erfahrungen resultieren könnten?

In welchen Situationen wirken diese Anteile besonders deutlich?

Was könnte dir in einer solchen Situation helfen, wieder ein Gefühl von Sicherheit zu bekommen?

2.2.4 Die verletzenden Anteile: Wenn wir uns oder anderen schaden

Ein typisches Beispiel für einen verletzenden Anteil ist der innere Kritiker oder der innere Richter. Dadurch, dass wir uns selbst abwerten und uns unsere Fehler vorwerfen, imitieren wir das Verhalten unserer früheren Bindungspersonen. Das, was damals beispielsweise der Vater mit uns gemacht hat, damit wir funktionieren und zu leistungsstarken Mitgliedern unserer Gesellschaft werden, tun wir uns nun selbst an.

Diese Strategie nennt man Introjektion. Wir nehmen Eindrücke des Außen nach innen, um dem fortwährenden Schmerz von Abwertung und Beschämung begegnen zu können. Das klingt erst einmal unlogisch. Mit dem Hintergrundwissen, dass Bindung für Kinder oberste Priorität hat, ergibt es Sinn:

Wären wir nicht der Meinung, dass wir schlecht, dumm und nicht liebenswert sind, könnten wir die Bindung nicht halten. Das heißt, der Anteil, den wir bilden und der uns genau dasselbe sagt wie unser Vater, lässt es zu, dass wir in der Verbindung bleiben können.

Es ist eine Art Solidarität zwischen dem Vater und diesem Anteil. Dadurch wirkt er zum einen täterloyal – er rechtfertigt das Verhalten des eigenen Vaters – und zum anderen täterimitierend – wir behandeln uns selbst so und verletzen uns damit. Es entsteht so also ein Anteil, der ein Repräsentant der schädigenden Bezugsperson ist. Dieser Anteil ist ein sogenanntes Introjekt, das sich auch im Erwachsenenleben noch täterloyal oder imitierend verhält. Loyale Anteile verhalten sich so, dass sie die Täter weiterhin decken, weil ihre Aufgabe darin besteht, die Bindung weiterhin aufrechtzuerhalten:

Bevor ein Kind aufhört, seine Eltern zu lieben, hört es auf, sich selbst zu lieben.

»So schlimm war es nicht«, »Aber es sind doch meine Eltern«, »Außenstehende verstehen das nicht« sind typische Aussagen, wenn dieser loyale Anteil die Führung übernommen hat.

Imitierende Anteile haben sich mit den Aussagen und dem Verhalten des damaligen Täters identifiziert und verhalten sich sowohl nach außen als auch nach innen genauso.

Vielleicht kennst du bei der Arbeit Kollegen, die Aussagen treffen wie »Was reden Sie für einen Schwachsinn!« oder »Das hat der Kollege sich selbst zuzuschreiben, soll er sich mal nicht so anstellen«.

In diesen Aussagen spricht ein Anteil, der früher in dieser Energie aufgewachsen ist. Er imitiert das Verhalten, das er selbst früher kennengelernt hat. Du kannst davon ausgehen, dass er auch mit sich selbst in derselben Härte spricht.

Beispiel Elisabeth

Elisabeth (die Namen meiner Coachees wurden abgeändert), eine weitere Coachee von mir, hatte einen solch verletzenden Anteil. Sie arbeitete selbst als Coach und war ein Jahr zuvor in ihre Selbstständigkeit gestartet. Sie hatte etliche Aus- und Fortbildungen gemacht und hatte einen schnellen Kopf. Elisabeth wusste zu dem Zeitpunkt, an dem sie zu mir kam, allerdings nicht mehr, wo ihr der Kopf stand. Sie konnte keine klaren Entscheidungen für sich treffen, hinterfragte alles und vor allem sich selbst. Es ging so weit, dass sie Dinge, die sie gut konnte und mit denen sie beruflich bisher erfolgreich war, hinterfragte und anzweifelte. Das Gedankenkreisen ließ sie in einigen Nächten schon nicht mehr schlafen. Einer ihrer Gedanken war dabei, dass sie irgendwann einmal auffliegen und alle sehen würden, dass sie eigentlich nichts kann.

Einige Menschen leiden unter diesem sogenannten Imposter-Syndrom, zu Deutsch: das Hochstapler-Syndrom. Die betroffenen Menschen werden dabei von massiven Selbstzweifeln geplagt und unterschätzen ihre Kompetenz.

Elisabeth litt zudem an einem ausgeprägten Perfektionismus, um bloß keinen Fehler zu machen. Eine Strategie, um möglichst wenig Kritik von außen und von innen zu bekommen, um den damit verbundenen Schmerz nicht fühlen zu müssen. Dafür war sie bereit, ihre Bedürfnisse hinten anzustellen. Ein Anteil in ihr hatte früh gelernt, dass man nur dann etwas wert ist, wenn man funktioniert und Leistung bringt.
Dieser Anteil verhielt sich nun zu ihr wie das damalige Umfeld. Er kritisierte sie ständig und zeigte ihr auf, was alles noch nicht gut sei. Selbst abwertende Gedanken wie »Ich bin zu doof dafür« kamen über dieses imitierende Introjekt in ihren Kopf.

Wenn der Druck durch diese erhöhten Erwartungen an sich selbst zu hoch wird, kann ein Burn-out die Folge sein, um sich daraus zu retten. Das Nervensystem zieht dann die Reißleine.

Kompensationsstrategien betreffen natürlich nicht nur das berufliche Umfeld. Wir sehen sie auch in unseren privaten Beziehungen zu Freunden oder in der Partnerschaft. Auch hier melden sich die verletzten und verletzenden Anteile, wenn sie getriggert werden, und machen uns das Leben schwer. Hatten wir in unserer Kindheit keine sichere Bindung zu unseren Eltern, mussten wir also immer Angst vor beispielsweise dem Liebesentzug haben, wird es uns schwerfallen, tiefe partnerschaftliche Verbindung und Nähe zuzulassen. Unser Verhalten wird entweder darauf einzahlen, dass wir uns gar nicht erst auf eine Partnerschaft einlassen (aktive Bindungsvermeidung), oder wir halten den Partner unbewusst auf Abstand. Das funktioniert »ganz wunderbar« mit einem kritischen Anteil, der sich nicht nur im Dialog mit einem selbst zeigen kann, sondern auch in der Art und Weise, wie wir mit unserem Partner umgehen – wenn die Verliebtheitsphase vorbei ist.

Reflexionsfragen

Kennst du Anteile wie den inneren Kritiker bei dir? Welche sind das?

In welchen Situationen tauchen sie auf?

Wie wirken diese Anteile auf dich oder andere Menschen?

Was bräuchtest du in diesen Momenten? Was davon kannst du dir selber geben?

»

Jegliches Verhalten eines Menschen ergibt Sinn – wenn man es durch die Brille des Nervensystems betrachtet.

«

2.2.5 Alle Anteile sind für uns

Es ist elementar, dass Menschen, die andere Menschen begleiten, die Psychodynamik der Introjektion verstanden haben. So können wir Verhaltensmuster und vieles mehr einordnen, erklären und Wege finden, um auch im beruflichen Kontext damit umgehen zu können. Zudem ist es wichtig, sich bewusst zu machen, dass das destruktive Verhalten von Menschen ursprünglich einen überlebenswichtigen Aspekt hatte. Es hat die Bindung zu den Bezugspersonen gesichert. Diese Anteile haben Anerkennung verdient, auch wenn sie in den Betroffenen selbst und auch bei anderen Menschen Schmerz erzeugen.

Der Blick auf das eigene Verhalten oder das von anderen Menschen über das Anteilemodell lässt uns erkennen, dass alles Verhalten Sinn ergibt. Wir verhalten uns nicht absichtlich destruktiv und wir wollen uns nicht bewusst selbst verletzen. Es sind Strategien, die wir in der Kindheit gebildet haben, um mit dem, was damals war, umgehen zu können. Es ist eine gesunde Reaktionsstrategie auf das damalige destruktive Verhalten unserer Bindungspersonen.

Denn wir halten uns noch einmal vor Augen: Bindung bedeutet für uns in jungen Jahren Überleben. Unsere Bindungssuche ist immer ein Impuls mit der Absicht, Sicherheit zu kreieren. Wenn unser Wunsch nach Verbindung in der Kindheit nicht beantwortet wurde, suchen wir andere Wege, um in das Gefühl der Sicherheit zu kommen. Viele der aufgezeigten Kompensationsstrategien im Erwachsenenalter zeigen sich in Momenten von Stress. Früher war es die Angst vor dem Bindungsverlust zu den Eltern, heute haben wir Angst vor erneuter Ablehnung, wenn wir im Job Fehler machen, unseren eigenen Ansprüchen nicht gerecht werden oder uns zeigen sollen.

Erleben wir einen Kollegen, der beispielsweise überall nur Probleme sieht und sich schwertut, Lösungen zu finden, sollten wir ihn dafür nicht abwerten. Damit würden wir dem Menschen nur wieder bestätigen, dass er, so wie er ist, nicht gut genug ist. Stattdessen braucht es Verbindung, die über Respekt und Interesse am anderen entstehen kann. Wenn man es dann noch schafft, die ressourcenreichen Anteile des Gegenübers zu sehen und ihn das spüren zu lassen, gibt man diesem Menschen viel Sicherheit, in der er wachsen kann.

Das ist sicherlich nicht immer einfach und erfordert Selbstreflexion (»Warum macht mich das Verhalten des anderen so wütend? Warum bin ich davon so genervt?«), aber es zahlt darauf ein, dass dieser Mensch nicht weiter in seinem Selbstwertgefühl gedemütigt wird. Eine solche Haltung ist die Grundlage für ein psychologisch sicheres Umfeld. So können neue und bessere Erfahrungen gemacht werden. Der Anteil, der Angst vor Fehlern hat, lernt, dass heute nicht dieselben Konsequenzen drohen wie früher. Er kann die Erfahrung machen, dass er, wenn er sich zeigt, wie er ist, nicht verurteilt wird. Darüber werden Menschen sicherer und trauen sich an Dinge, die für sie vorher nicht vorstellbar waren. Sie können in einem psychologisch sicheren Umfeld über sich hinauswachsen.

REFLEXIONSFRAGEN

Welche Erkenntnisse nimmst du aus dem Anteilemodell mit?

- **In Bezug zu dir selbst:**

- **In Bezug zu den Menschen, mit denen du lebst und arbeitest:**

Wie wichtig ist für dich die Verbindung, um Sicherheit zu spüren?

2.3 Endlich Sicherheit im Umgang mit Konflikten

Der Großteil meiner Klienten kommt zu mir ins Coaching, weil sie Angst davor haben, in Konflikte zu gehen. Sie nehmen stattdessen eher in Kauf, sich oder ihre Werte zu verraten, als mit der Führungskraft oder einem Kollegen in die Konfrontation zu gehen. Damit sind sie nicht allein, denn auf sehr viele Menschen wirken Konflikte bedrohlich. Privat wie beruflich.

Oft haben sie bereits Kommunikationsseminare zu Konfliktmanagement oder Verhandlungsstrategien besucht, merken danach aber, dass ihnen das Methodenwissen wenig weiterhilft. Die Angst vor der Auseinandersetzung ist geblieben und dieser Zustand bestimmt ihr Verhalten: Rückzug.

Nach der Lektüre der ersten Kapitel kannst du dir vermutlich an dieser Stelle schon denken, warum sich viele Menschen so schwertun, Streitigkeiten produktiv auszutragen.

Es geht wieder um das Thema Bindung. Wenn jemand unsicher in seinem Bindungsverhalten ist, werden Konflikte von seinem Nervensystem als etwas Gefährliches angesehen. Auf Gefahr reagieren wir mit Flucht, Angriff, Totstellen oder der Anpassung (Fawn Response).

Die **Fluchtstrategie**: Man geht den Konflikten aus dem Weg und spricht die Dinge nicht an, die einen stören. Da der Verstand immer recht behalten will, dass das eigene Verhalten förderlich ist, reden sich Menschen im Fluchtmodus ein, dass die Punkte, die sie stören, gar nicht so wichtig sind. Oder die Gedanken gehen in die Richtung, dass sich der Konflikt anders auflösen wird – der Arbeitskollege oder man selbst wird beispielsweise die Stelle wechseln. Die Krux dabei ist, dass man nur diesen einen Konfliktfall sieht und nicht das eigene Muster dahinter erkennt. Es wird immer wieder Situationen und Menschen geben, bei denen es wichtig wäre, die eigenen Grenzen aufzuzeigen. Man kommt aus dem eigenen Konfliktfluchtmodus nicht heraus.

»

Konflikte können nur dann gelöst werden, wenn alle Beteiligten sich sicher fühlen. Ansonsten gewinnt das autonome Nervensystem.

«

Die **Kampfstrategie**: Menschen, die bei Konflikten in den Kampfmodus wechseln, bereiten Streitigkeiten ähnlichen Stress wie den Menschen, die mit Flucht reagieren. Sie haben für sich nur einen anderen Umgang damit gefunden. Nach dem Motto »Angriff ist die beste Verteidigung« geht es ihnen darum, den anderen kleinzuhalten, um dadurch die eigene Verletzlichkeit und Angst nicht zu spüren. Die äußere Härte geht oft mit innerer Härte einher.

Über diese Strategie werden auch sie nicht lernen, dass man unterschiedliche Ansichten haben und dabei gemeinsam Lösungen finden kann. Denn auf ihre Härte im Konflikt wird das Gegenüber mit hoher Wahrscheinlichkeit ebenfalls mit Härte reagieren oder – wenn das Gegenüber eher der Fluchttyp ist – sich zurückziehen. Aber genau diese heilsame Erfahrung bräuchten sie, damit sie merken, dass es auch anders gehen kann und so Lösungen viel wahrscheinlicher sind.

Die **Anpassungsstrategie**: Wenn man früher gelernt hat, dass man besser das brave Mädchen ist und gefallen sollte, wird man höchstwahrscheinlich auch in Konfliktsituationen auf diese Strategie zurückgreifen. Man schaut dann als Erstes immer (!) auf sich und seine eigenen Fehler, die möglicherweise zu dem Konflikt geführt haben. Die Entschuldigung ist schneller ausgesprochen, als der Neokortex darüber nachdenken und die Situation beurteilen kann.

Bleibt man dabei, wird auch hier keine Lernerfahrung gemacht werden können. Das ist nicht nur für einen selbst ein Nachteil, auch das Umfeld wird sich damit nicht weiterentwickeln können. Denn Weiterentwicklung und Innovation brauchen eine ehrliche Auseinandersetzung.

Die **Totstellstrategie:** Erinnerst du dich an Angelika, die engagierte IT-Mitarbeiterin, die durch den unterschwelligen und nicht geklärten Konflikt in den Burn-out getrieben wurde? Das ist die absolute Notlösung unseres Nervensystems, wenn alle anderen Strategien (Flucht, Kampf, Anpassung) nicht helfen, um aus der Stresssituation herauszukommen.

Das Burn-out übernimmt hier die Funktion des FI-Schalters in einem Haus. Bevor es anfängt zu brennen und damit Lebensgefahr droht, fliegt er raus.

An dieser Stelle sei erwähnt, dass ein Burn-out bei Menschen gerade dann droht, wenn sie nicht das Gefühl haben, gesehen zu werden. In einer Umgebung, in der es viel um Leistung geht, kaum Verletzlichkeit gezeigt und nicht offen über Bedenken oder Ängste gesprochen wird, nehmen sich Menschen automatisch zurück und sprechen nicht über das, was sie beschäftigt. Der Kontext ist wie bereits erwähnt immer ein entscheidender Faktor für unser Verhalten.

Schauen wir uns an, was es braucht, um Konflikte konstruktiv lösen zu können, sodass die Verbindung bestehen bleibt und man am Ende gemeinsam zu einem guten Ergebnis kommt: Ich habe lange Zeit im Finanzbereich und Projektmanagement gearbeitet. Fast täglich wird man dort mit Problemen konfrontiert, die man möglichst schnell lösen soll. Wenn beispielsweise im Monatsabschlussprozess etwas schiefgelaufen ist, bin ich strukturiert und analytisch vorgegangen, um zu schauen, woran es gelegen hat und was getan werden muss, damit es wieder funktioniert. Das funktioniert ganz großartig auf der Sachebene: vom Problem direkt zur Lösung.

Beispiel: Es gibt nicht nur die Sachebene

Zwischen Menschen gibt es aber nie nur die Sachebene. Auch bei Menschen, die im Finanzbereich arbeiten und sich von ihrer Selbstwahrnehmung oft als sehr logisch, strukturiert und vernunftorientiert einstufen, läuft das nicht so. Das musste ich an der Stelle lernen, als ich in der Rolle der Projektleiterin mit zwei Führungskräften an einem Tisch saß, die sich anbrüllten und der daneben sitzende Mitarbeiter sehr still wurde. Von Sachebene war da nichts zu sehen und zu spüren. Eine Bemerkung wie »Bleibt doch bitte sachlich« hätte den Unmut beider Führungskräfte auf mich gezogen. Du kennst es vielleicht von dir selber, wenn du wütend bist. Ein Gegenüber, das besonders beruhigend auf dich einredet, kann dich noch mehr zur Weißglut führen. Die Emotionen müssen raus, bevor Sachlichkeit wieder reindarf.

Das bedeutet, wir müssen eine Ebene tiefer gehen. Auf die Ebene der Bedürfnisse und Gefühle. Denn wenn es emotional wird, ist das ein Zeichen dafür, dass auf dieser Ebene auch das eigentliche Problem liegt.

6 | **Der Weg über die Bedürfnisse zur Lösung**

Damals war ich mit der obigen Situation völlig überfordert, was maßgeblich dazu geführt hat, eine Ausbildung zur Wirtschaftsmediatorin zu machen.

Dort lernte ich einen Prozess kennen, den es braucht, um andere Menschen in ihrer Konfliktlösung konstruktiv zu begleiten. Was mir meine damalige Ausbilderin und spätere Mentorin noch mitgab, war der Satz »Ihr müsst einen Raum von Sicherheit aufmachen, damit die Menschen sich öffnen und mitteilen«. Acht Jahre später sitze ich nun hier und schreibe das Buch dazu.

Den sicheren Raum, den Konfliktlösung braucht, damit Menschen bereit sind, offen über ihre Bedenken und Wünsche zu sprechen und dabei nicht in den Angriff zu gehen, benötigen wir überall dort, wo Menschen miteinander leben, lernen und arbeiten.

Damit erhöhen wir die Wahrscheinlichkeit, dass Menschen, die sich ansonsten in Flucht-, Angriffs- oder Anpassungsstrategien begeben, sich trauen, in der Verbindung zu sich zu bleiben und für die eigene Meinung einzustehen. Zeitgleich machen sie die Erfahrung, dass das Gegenüber nicht geht und in Kontakt bleibt.

Mit psychologischer Sicherheit können neue Konfliktlösungswege bei jedem Menschen gebaut werden. Das allein sollte schon Grund genug sein, um in unseren Systemen etwas zu verändern. Dafür benötigen wir Menschen, die die Skills und die Haltung haben, um ein bestehendes Umfeld psychologisch sicherer zu gestalten.

Reflexionsfragen

Wie siehst du dein Konfliktverhalten? Reagierst du mit Flucht, Kampf oder Anpassung oder schaffst du es, in Verbindung zu bleiben?

Erinnere dich an die letzte Situation, in der du dich über jemand anderen geärgert hast.

- **Welches Bedürfnis von dir wurde dabei übergangen?**

- **Ist das ein Bedürfnis, das schon früher nicht befriedigt wurde?**

- **Was hättest du dir von deinem Gegenüber gewünscht?**

- **Hättest du selber auch etwas dazu beitragen können, dass dein Bedürfnis erfüllt wird?**

2.4 Zur Potenzialentwicklung: der Wunsch nach Veränderung

Wenn sich unsere inneren Anteile als neuronale Netzwerke in unserem Gehirn abbilden, dann bedeutet das, dass sich etwas in unserem Gehirn verändern muss, wenn wir uns und unser Verhalten ändern wollen. Dafür schauen wir uns erst einmal mithilfe eines vereinfachenden Schemas an, was unser Gehirn ist und wie es funktioniert.

2.4.1 Das dreieinige Gehirn

Das dreieinige Gehirn ist ein Konzept, das der Neurowissenschaftler Paul MacLean entwickelt hat. Wir haben drei aufeinander aufbauende Bereiche:

- das Stammhirn,
- das limbische System,
- den Neokortex.

7 | **Das dreieinige Gehirn**
(in Anlehnung an McLean 1990)

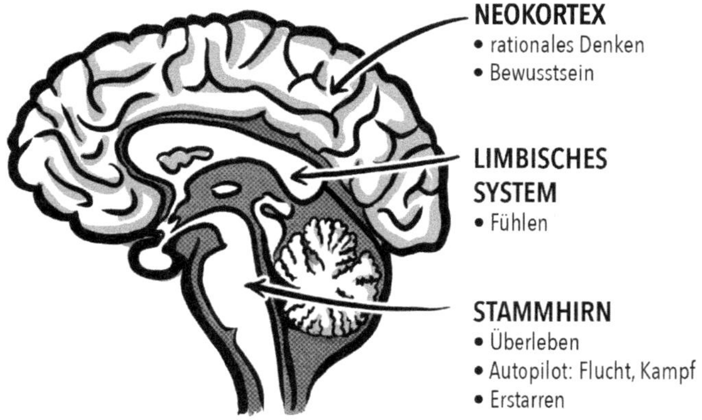

Unser Gehirn entwickelt sich mit uns von der befruchteten Eizelle hin zum Erwachsenen. In der Gebärmutter entsteht das Stammhirn für die Überlebensfunktionen. Anschließend bis zum Alter von sechs Jahren entwickelt sich das limbische System als Sitz für die Emotionen. Als Letztes bildet sich für das rationale Denken der Neokortex mit den Frontallappen. Dieser Prozess ist erst im frühen Erwachsenenalter abgeschlossen.

Das Stammhirn

Das Stammhirn ist der älteste und tiefliegenste Teil des menschlichen Gehirns. Es befindet sich unmittelbar über dem Punkt, an dem das Rückenmark in den Schädel eintritt. Dieses ist der primitivste Teil des Gehirns und bereits zum Zeitpunkt der Geburt voll funktionsfähig. Hier werden die vegetativen, das heißt die unbewussten lebenserhaltenden Funktionen geregelt wie Verdauung, Atmung und Herzaktivität. Außerdem werden Hunger, Temperatur und Schmerz darüber wahrgenommen. Es ist eine Art Autopilot und für unsere Reflexe und Überlebensreaktionen verantwortlich. Wenn das Leben bedroht erscheint, entscheidet das Stammhirn, wohin die Energie fließt, komplexere Hirnareale werden dann ausgeschaltet.

Das limbische System

Das limbische System bildet sich in den ersten sechs Jahren aus und befindet sich unmittelbar über dem Stammhirn. Es besteht unter anderem aus Teilen des Hypothalamus, der Amygdala und dem Hippocampus.

Die Amygdala fungiert als eine Art Feuerwehr und schlägt Alarm, wenn Gefahr droht. In Verbindung mit dem Hypothalamus wird im limbischen System Stress reguliert. Das heißt, wenn die Amygdala Laut gibt, reagiert darauf der Hypothalamus. Der Hippocampus übernimmt dabei die Rolle des Bibliothekars und ist für unsere Erinnerung zuständig. Zudem werden im limbischen System Entscheidungen gefällt, wie der Mensch sich im komplexen sozialen Netzwerk verhält.

Der Neokortex

Die zellulare Organisation und die Biochemie der beiden oben genannten Teile sind einfacher als die des Neokortex. Ab dem zweiten Lebensjahr entwickeln sich die Frontallappen, die uns von allen anderen Säugetieren unterscheiden. Diese ermöglichen uns, eine Sprache zu benutzen, empathisch zu reagieren und abstrakt zu denken. Der Neokortex gibt uns die Fähigkeit zu planen und zu reflektieren. Über ihn läuft unsere Impulskontrolle. Es ist auch der einzige Gehirnteil, der Veränderung mag und sich entwickeln will. Hier entsteht unsere Potenzialentfaltung, der Wunsch, besser zu werden und von anderen zu lernen.

Auch wenn das Stammhirn der primitivste Teil unseres Gehirns ist, so ist er doch der mächtigste, da er unser Überleben sichert. Er schlägt durch und übernimmt die Kontrolle, wenn unser Nervensystem Gefahr meldet. Diese Gefahr kann auch die Angst vor Ablehnung, Überforderung oder dem Scheitern sein.

Wenn Situationen im Hier und Jetzt uns so stressen, dass wir meinen, die Kontrolle zu verlieren, liegt es daran, dass in dem Moment der Neokortex, also das bewusste Entscheiden und Abwägen-Können, ausgeschaltet wird und die primitiven Teile des Gehirns übernehmen. Wenn wir also von Kontrollverlust sprechen, hat nur der Neokortex die Kontrolle abgegeben. Wie weiter oben bereits am Beispiel von Michael beschrieben, kann eine einfache E-Mail im Posteingang bei der Arbeit eine solche Reaktion auslösen, wenn damit das Gefühl von Machtlosigkeit einhergeht.

Wenn wir also wollen, dass wir selbst und auch die Menschen, mit denen wir zusammenarbeiten, auf das Potenzial ihres Neokortex zugreifen können, sollten wir darauf achten, dass wir eine Umgebung schaffen, in der sich die Menschen sicher fühlen. Der Weg dorthin liegt in der Verbindung zu den Menschen. Denn dort, in den Verbindungen, rühren die Verletzungen her, die häufig zu den Verhaltensmustern führen, die uns davon abhalten, unser Potenzial zu leben. Sichere Verbindungen als erwachsener Mensch zu erfahren, kann mit den darüber gemachten Erfahrungen helfen, alte Kompensationsstrategien abzulegen. Die eigene Selbstsicherheit nimmt zu und das persönliche Stresstoleranzfenster wird erweitert beziehungsweise vergrößert.

2.4.2 Die Neuroplastizität als Zugang zu unserer Potenzialentwicklung

»Nicht die Zeit heilt alle Wunden. Erfahrungen heilen Wunden.«

Vera König

Die obigen Zeilen stammen von der Psychotherapeutin und Bestsellerautorin Verena König. Verena beschäftigt sich schwerpunktmäßig mit Traumata. Aus der Arbeit mit ihren Patienten kann sie berichten, dass wir uns stets entwickeln und alte Blockaden abbauen können. Aber nicht dadurch, dass wir warten, sondern dadurch, dass wir neue Erlebnisse kreieren. Neue Erfahrungen erzeugen neue Verschaltungen zwischen unseren Nervenzellen (Neuronen). Ein neues neuronales Netzwerk wird dadurch angelegt (Kühl-Lenjer 2022).

Die Anzahl der synaptischen Verschaltungen ist demnach nicht vorgegeben, sondern kann sich zeit unseres Lebens verändern. Diese Fähigkeit verliert das Gehirn nie und das bedeutet, dass wir unendlich viel Potenzial zur Entfaltung haben. Die Möglichkeit des Gehirns, sich ständig anzupassen – je nach Nutzungsverhalten –, bezeichnet man als Neuroplastizität.

Die gebildeten Nervennetzwerke werden durch Wiederholung stärker. Ein wenig genutztes und wenig ausgebildetes Netzwerk ist vergleichbar mit einem Trampelpfad durch den Wald. Wenn er nur selten beschritten wird, wächst er wieder zu. Je häufiger er begangen wird, desto breiter wird er. Starke, regelmäßig und lang genutzte neuronale Netzwerke sind wie Autobahnen – groß, breit und gerade. Wenn wir das weiterdenken, wird deutlich, was das in der Konsequenz bedeutet: Wir können bis ins hohe Alter aus kleinen Trampelpfaden neue starke Netzwerke bilden und alte Autobahnen verlassen.

Wir können uns demnach von alten Erfahrungen und den daraus gebildeten Glaubenssätzen und Selbstbildern befreien und über neue Erfahrungen neue Dinge über uns lernen. Damit können wir uns aus Teufelskreisen, in denen wir stecken, befreien. Ängste und mit ihnen verbundene Kompensationsstrategien müssen nicht auf ewig Teil unserer Persönlichkeit sein. Wenn sich die Gefühle ändern sollen, dann müssen wir nur das Gehirn mit neuen Erlebnissen füttern, die gewissermaßen die alten Erfahrungen überschreiben und umschreiben.

Mit den neuen Erfahrungen kreieren wir ein neues, gesundes Selbstbild von uns. Aus einem Teufelskreis wird dann ein ermächtigender Potenzialkreislauf. Über dieses neue Selbstbild können wir das, was wir im Außen wahrnehmen, anders interpretieren. Wenn ich beispielsweise über neue Erfahrungen immer mehr wahrnehme, dass ich ein wertvoller Mensch bin, der von anderen gemocht und ernst genommen wird, werde ich sachliche Kritik weniger persönlich nehmen. Ich fühle mich dann nicht angegriffen und kann aus einem gelassenen Zustand heraus auf das, was man mir gesagt hat, reagieren. Es wird dadurch ein ganz anderer Dialog mit meinem Gegenüber entstehen können. Es ist so viel wahrscheinlicher, dass daraus wieder eine gute Erfahrung entsteht, die auf ein positives Selbstbild von mir einzahlt. Ich kann wahrnehmen, dass es dem anderen nicht darum geht, mich mit seiner Kritik niederzumachen, sondern dass er mich unterstützen möchte, weil er mein Potenzial sieht und mich weiterbringen will.

8 | **Kreislauf des Selbstbildes**

Es ist wichtig, dass man sich darüber bewusst ist, dass sich Anteile nicht nur in der Kindheit, sondern in jedem Lebensalter, also auch im Erwachsenenalter bilden. Denn wenn wir als Coach, Berater oder Führungskraft einen Raum schaffen für korrigierende Erfahrungen, bilden sich in diesen Erfahrungen neuronale Netzwerke um oder es bilden sich neue neuronale Verbindungen bei den Menschen, mit denen wir arbeiten. Wenn beispielsweise jemand mit uns und den Rahmen, den wir geben, erstmalig die Erfahrung macht, wirklich gesehen zu werden oder sich sicher zu fühlen, dann können daraus neue Anteile des Selbstbilds entwickelt werden, die der Persönlichkeit guttun.

Mit einem modernen Verständnis über unser Nervensystem und dem Anteilemodell wirst du psychologische Sicherheit tiefer und weiter denken können. Darüber unterstützt du Menschen dabei, mit ihrem Potenzial zu wachsen. Der positive Effekt von erlebter psychologischer Sicherheit auf uns als Gesellschaft ist in meinen Augen so groß, dass er kaum vorstellbar ist.

2.5 Essenz

Mit einem Umfeld aus psychologischer Sicherheit zeigen wir eine sichere Welt auf, in der niemandem geschadet und jedem mit Wohlwollen und Respekt begegnet wird. Dieses Wohlwollen zeigt sich in einer Haltung, die den Fokus auf die Ressourcen eines jeden Menschen legt.

Psychologische Sicherheit zeichnet sich durch zwischenmenschliche Verbindungen aus, in denen Menschen neue positive Erfahrungen machen. Erfahrungen, durch die sie ihre Ängste abbauen und ihr Potenzial entfalten können.

Über die Bindung im Außen kommt der Mensch in die Verbindung zu sich selbst. Das gibt ihm innere Sicherheit, die es ihm möglich macht, anstehende Veränderungen im Außen besser annehmen und Konflikte konstruktiv lösen zu können.

3.

Unternehmen psychologisch sicher machen

Wir haben es in vielen Bereichen unserer Gesellschaft nicht mehr mit Aufgaben zu tun, bei denen man die Schritte zur Lösung schon kennt und sie nur noch umsetzen muss. Es sind oft neue Herausforderungen, vor denen wir zum ersten Mal stehen. Klimawandel, unterbrochene Lieferketten, Fachkräftemangel und steigende Energiepreise sind Rahmenbedingungen, die mit völlig neuen Anforderungen auf ganze Industriebranchen wirken.

Schauen wir uns dafür nur einmal den Automobilbereich an: Die Transformation vom Verbrennungsmotor zum Elektroantrieb wirkt sich in der Folge auf die Zulieferindustrie aus, da durch diese Umstellung etwa dreißig Prozent weniger Teile benötigt werden (Zimmermann 2023: 3). Ein Elektroauto braucht beispielsweise kein Getriebe.

Um nicht in ernsthafte wirtschaftliche Schwierigkeiten zu geraten, müssen sich zahlreiche Unternehmen immer innovativer aufstellen. Das erfordert Menschen, die keine Angst davor haben, groß zu denken. Es braucht dafür Menschen, die neugierig sind und lernen wollen. Menschen, die neue Ideen haben und dabei auch so mutig sind, diese Ideen anzugehen, und bereit sind, dafür auch Fehler zu machen. Menschen, die sich trauen, Verantwortung zu übernehmen, und Freude daran haben, miteinander statt gegeneinander zu arbeiten.

Wenn man ein solches Verhalten fördern und die oben genannten Fähigkeiten bei seinen Mitarbeitern zum Vorschein bringen möchte, sollte man innerhalb der Organisation den Kontext dafür geben. Mit Kontext meine ich nicht nur, wie Termine moderiert oder wie Feedback gegeben wird. Damit würde man nur auf der Kommunikationsebene agieren.

Mit dem Wissen aus den ersten beiden Kapiteln ist sicherlich klar, dass ein einzelner Termin, der psychologisch sicher gestaltet und dahingehend moderiert ist, noch kein psychologisch sicheres Team ausmacht. Auch fünf oder mehrere solcher sicherer Termine werden eine Unternehmenskultur nicht psychologisch sicher werden lassen. Es braucht dafür mehr als eine Anhäufung singulärer Ereignisse oder die Anwendung von scheinbar »richtigen« Methoden.

In meinen Rollen als Wirtschaftsmediatorin und Scrum-Masterin habe ich in der Begleitung von Teams die Erfahrung gemacht, dass es viel mehr ein Prozess ist, der auf verschiedenen Ebenen wirkt und mehrdimensional gedacht werden muss.

In meinen Augen müssen folgende Ebenen berücksichtigt werden, damit eine Organisation psychologisch sicher aufgestellt ist:

9 | **Einflussebenen**

3.1 Führung als Einflussfaktor auf die psychologische Sicherheit

Der Führungsstil hat einen großen Einfluss auf die psychologische Sicherheit in der betreffenden Organisation. Er beeinflusst damit, wie Mitarbeiter miteinander arbeiten und interagieren. Eine gute Führungskraft kann dazu beitragen, ein positives und produktives Arbeitsumfeld zu schaffen, in dem Mitarbeiter motiviert und engagiert sind, um ihre Ziele zu erreichen.

3.1.1 Psychologisch sichere Führung als Antwort auf den Fachkräftemangel

Drei von vier Unternehmen (73 Prozent) berichten derzeit von Fachkräfteengpässen und ihre Anzahl steigt kontinuierlich. Von Jahr zu Jahr werden es mehr Unternehmen, die über zu wenige Fachkräfte verfügen. Im Durchschnitt dauerte es im letzten Jahr 145 Tage, um eine offene Stelle mit einer entsprechend qualifizierten Person zu besetzen – das sind 23 Tage mehr als im Jahr zuvor und 77 Tage mehr als noch vor zehn Jahren. Über 845 000 Stellen in Deutschland können zurzeit nicht besetzt werden – der Fachkräftemangel ist längst Alltag in deutschen Unternehmen (Gallup 2023: 2).

Fluktuation kann einem Unternehmen in dieser Situation teuer zu stehen kommen, denn sie bedeutet nicht nur, neue Beschäftigte finden zu müssen, sondern in der Regel auch den Verlust von Erfahrung, Fachwissen und wichtigen Kontakten. Zudem wirkt sich der Weggang von Mitarbeitenden häufig negativ auf das ganze Betriebsklima aus – etwa durch die entstehende Mehrarbeit für die verbliebenen Teammitglieder. Aber auch Kundenbeziehungen können durch häufige Wechsel leiden, weil die Kontinuität in der Betreuung verloren geht. Jeder Wechsel der Kontaktperson verunsichert – das gilt für den B2B-Bereich ebenso wie für den B2C-Bereich.

Sind neue Mitarbeitende gefunden, dauert es in der Regel einige Monate, bis diese produktiv für das Unternehmen arbeiten können. Die neu eingestellte Person muss Abläufe und Routinen erlernen und sich im Team zurechtfinden.

Je nach Komplexität der Aufgabe kann es bis zu einem Jahr dauern, bis die Arbeit wieder so effektiv und effizient erledigt wird wie von Beschäftigten, die längere Zeit im Unternehmen tätig waren.

Der Fachkräftemangel fordert von Unternehmen, die Art und Weise der Führung auf den Prüfstand zu stellen und an deren Qualität und Umsetzung im Arbeitsalltag zu arbeiten, denn schlechte Führung wird durch Wechselwilligkeit abgestraft.

Laut der aktuellen Gallup-Studie sinkt jedoch die emotionale Bindung bei den Beschäftigten zu ihren Arbeitgebern: »Während der Anteil der Beschäftigten mit hoher emotionaler Bindung in den Pandemiejahren 2020 und 2021 mit jeweils siebzehn Prozent ein Rekordhoch erreicht hatte, erleben jetzt nur noch dreizehn Prozent der Befragten ein durch Führung positiv geprägtes Arbeitsumfeld, das in einer hohen emotionalen Bindung resultiert. So niedrig war der Wert zuletzt im Jahr 2010. Gleichzeitig ist die Anzahl der Arbeitnehmenden, die bereits innerlich gekündigt haben, auf achtzehn Prozent gestiegen und hat damit den höchsten Wert seit 2012 erreicht (2021: vierzehn Prozent).«

Als »der Arbeitgeber« wird häufig die eigene Führungskraft wahrgenommen, auch wenn sie es formal – aus rechtlicher Sicht – eigentlich nicht ist, sondern den Arbeitgeber nur gegenüber den Mitarbeitenden vertritt. Aus biologischer Perspektive interagieren wir noch wie im Steinzeitalter. Zugehörigkeit suchen wir zu unserem Haufen, unserem Clan. Mit dem Abstraktum Unternehmen und Vertragspartner im Arbeitsvertrag kann unser Unbewusstes nichts anfangen. Die einfacheren Gehirnareale werden sich immer an Personen ausrichten. Entsteht also über die Führungskraft keine positive Verbindung zum Unternehmen, schwindet die Loyalität und die Bereitschaft, sich einzubringen, erheblich.

Unternehmen suchen händeringend Mitarbeiter, die hoch engagiert sind, die Lust haben, sich einzubringen und Verantwortung zu übernehmen, die gut mit anderen Menschen umgehen können und die kreativ sind. Doch das sind alles Attribute des Handelns , die sich nicht erzwingen oder per Dekret von oben verordnen lassen. Weder mit finanziellen Anreizen noch mit der Drohung einer Entlassung. Es sind Dinge, die ein Mitarbeiter seinem Unternehmen nur dann schenkt, wenn es ihm in seinem Unternehmen gut geht und er sich sicher fühlt.

Der Mitarbeiter muss das Gefühl haben, dass er in einem Unternehmen arbeitet, in dem eine Beziehungskultur herrscht, in der er als Einzelner gesehen und ernst genommen wird.

Von modernen Führungskräften wird daher ein anderes Selbstverständnis erwartet. Ihre Rolle wird nicht mehr in dem Antreiber einer gehorsamen Truppe gesehen, sondern von ihnen wird erwartet, dass sie Mitarbeiter einladen, Selbstverantwortung zu übernehmen und in die eigene Kraft zu kommen. Das hat seinen Grund. Komplexe Aufgabenstellungen können heute Einzelne weder lösen noch überblicken. Erfolgreich sind Organisationen, die hochkompetente Spezialisten zu Hochleistungsteams formen können, in denen jeder sein Potenzial zu einhundert Prozent einbringt. Moderne Leader fördern daher das individuelle Selbstbewusstsein und die individuell empfundene Selbstsicherheit. Darüber können Mitarbeiter ihre Potenziale entfalten, Dinge intrinsisch vorantreiben und Verantwortung übernehmen. Das ist ein völlig anderes Führungsverständnis als das klassische Command-and-Control-Denken.

Zu Ende gedacht bedeutet das, dass die erfüllende Aufgabe einer solchen Führungskraft darin besteht, sich in letzter Konsequenz selbst überflüssig zu machen. Wenn ich die Mitarbeiter aber so sehr ermächtigt habe und ihnen so viel Raum gegeben habe, dass sie allen Herausforderungen allein begegnen können, dann habe ich als traditionelle Führungskraft ein Dilemma: Ich weiß gar nicht mehr, was ich machen soll.

Damit merkst du vielleicht schon, wo das Problem steckt: Führungskräfte sind meist mit ihrer persönlichen Rolle identifiziert, viele definieren sich ausschließlich über ihren individuellen beruflichen Erfolg. Darüber bekommen sie ihre Selbstsicherheit. Wozu ist man aber noch da, wenn man nicht als Führungskraft arbeitet? Wenn man gar nicht mehr gebraucht wird? Was soll man stattdessen tun?

Führungskräfte können, obwohl sie beruflich sehr erfolgreich sind und viel berufliches Ansehen erlangt haben, unbewusst davon überzeugt sein, nicht wichtig und nie gut genug zu sein. Das kann dazu führen, dass diese Menschen über ein verstärktes Geltungsstreben das eigene Minderwertigkeitsgefühl zu kompensieren versuchen. Leistung ist dann der Gegenbeweis der inneren Überzeugung, nicht gut genug zu sein.

Dieser Mechanismus kann zur Folge haben, dass sie diese Leistung und Härte auch von ihren Mitarbeitern fordern und wenig empathisch auf ihre Ängste eingehen können. In einem Team mit einer solchen Führungskraft wird es schwer sein, psychologische Sicherheit spürbar zu machen.

Eine moderne Führungskultur braucht daher selbstsichere Führungskräfte, die ihren Wert nicht daran festmachen, wie viel Arbeit sie am Tag weggeschafft haben. Es sind Führungskräfte, die erkannt haben, dass sie als Person für ein Team wichtig sind. In der Art, dass sie als selbstsichere Persönlichkeit andere Menschen empowern, ihr Potenzial zu entwickeln.

3.1.2 Das eigene Selbst- und Weltbild ist maßgeblich für den Führungsstil

Es gibt nicht umsonst das Sprichwort, dass der Fisch vom Kopf stinkt, denn in dieser Aussage steckt viel Wahrheit. Das, was in dem Kopf, der ganz oben im Organigramm des Unternehmens sitzt, an Ansichten und Einstellungen steckt, hat Auswirkungen auf die gesamte Organisation. Die Haltung der Unternehmensführung bestimmt die Strukturen und das Verhalten innerhalb des Systems.

»

Wenn der Kopf denkt, dass die Welt schlecht und der Mensch böse ist, wird dieser Kopf auch sein Unternehmen danach ausrichten.

«

Mit Haltung meine ich das Bild, das eine Person von der Welt, von den Menschen im Allgemeinen, von Arbeit und von sich selbst hat. Nach dieser Haltung, also diesem inneren Bild, lebt der Mensch. Haltung ist demnach mehr als das Selbstbild, von dem ich im zweiten Kapitel zum Thema Neuroplastizität und Potenzialentfaltung geschrieben habe. Die Wirkung ist allerdings dieselbe: Das Bild, das wir von der Welt und von uns haben, bestimmt unser Verhalten. Es wirkt wie eine Art Filter, durch den wir schauen und durch den wir alles im Außen bewerten.

Der Filter, wie die Welt ist, wie Menschen sind und wie Arbeit ist, wird durch unsere Bezugspersonen und später durch Schule und Gesellschaft geprägt. Wenn wir gelernt haben, dass man hart arbeiten muss, um erfolgreich zu sein, dann wird das Teil unseres Bildes von Arbeit sein. Wenn unsere frühen Bezugspersonen anderen Menschen gegenüber skeptisch gegenüberstanden und man oft gehört hat, dass Vertrauen gut ist, Kontrolle aber besser, dann wird das Teil unseres Bildes von Menschen sein.

Diesen Vorgang nennt man Introjektion. Wir nehmen etwas von außen nach innen und verinnerlichen diese Dinge unbewusst. Das können Werte, Normen, Traditionen, Ansichten oder Glaubenssysteme sein. Introjektion ist ein natürlicher Prozess und insbesondere in der Kindheit der natürliche Weg, zu lernen, Zusammenhänge zu erfassen und in einer Gemeinschaft – im gesunden Sinn – angepasst aufzuwachsen. Wir können nicht anders als zu introjizieren, was uns von außen angeboten wird. Darüber wird wieder deutlich, wie sehr wir in den ersten Jahren unseres Lebens geprägt werden und dass dies ein natürlicher Vorgang ist. Prägung ist die Organisation unserer neuronalen Netzwerke. So entsteht unser Welt- und unser Selbstbild, das wir beim Heranwachsen und unserer damit verbundenen Hirnreifung immer bewusster gestalten können.

Über die Introjektion entstehen die im zweiten Kapitel erläuterten Anteile, die in uns wirken. Diese Anteile prägen unser Verhalten. Bei allem, was wir tun, wirkt das Welt- und das Selbstbild auf unser Handeln. Vieles davon läuft völlig unbewusst ab. Es sind, wie in den vorherigen Kapiteln beschrieben, unsere Autobahnen im Kopf, die unsere Reaktion auf die von uns wahrgenommene Umgebung bestimmen. Diese Autobahnen werden früh angelegt und im Erwachsenenalter so lange nicht hinterfragt, wie man damit erfolgreich ist.

Wir handeln, wie wir es gelernt haben, solange wir mit diesen Strategien und Verhaltensweisen gut durchs Leben kommen. Dabei sei angemerkt, dass »gut« auch nur wieder eine subjektive Einschätzung ist, die durch den eigenen Filter erfolgt. Aus Unternehmenssicht kommen eine Menge vielfältiger Erfahrungen, Welt- und Selbstbilder zusammen, mit denen die Führenden so umgehen sollten, dass ein gutes Miteinander möglich ist. Eine psychologisch sichere Unternehmenskultur ist die beste Basis dafür!

Wir werden aber nicht nur durch nahe Bezugspersonen im Kindesalter geprägt. Auch das, was wir indirekt erleben, wirkt auf uns. Weite Teile der Wirtschaft sind beispielsweise heute noch vom Taylorismus geprägt. Der Ingenieur Frederick Winslow Taylor entwickelte um 1900 ein Konzept zur Modernisierung der Arbeitsweise in der Industrie. Damit legte er den Grundstein für die Lösung der Probleme in der Industrie Ende des neunzehnten Jahrhunderts. Das Menschenbild des Taylorismus sieht den Menschen allerdings von Natur aus als faules Wesen an, das Reize und Kontrolle benötigt, um anständig zu arbeiten. Der Mensch ist genau wie Maschinen lediglich ein Arbeitsmittel. Persönliche Empfindungen werden als störend wahrgenommen. Danach wurden die Unternehmensstrukturen gebaut, die wir immer noch in der Form pyramidenförmiger Organigramme kennen. »Oben wird gedacht und unten wird gemacht« ist ein gängiger Ausdruck für eine solche Haltung.

Beispiel Jochen

Nun stelle man sich also einen Manager an der Spitze eines noch klassisch nach Taylor hierarchisch strukturierten Unternehmens vor – nennen wir ihn Jochen. Jochen ist geprägt durch ein Elternhaus, in dem der Vater sehr viel gearbeitet hat und es den Eltern wichtig war, dass Jochen in der Schule gute Leistungen zeigte, damit aus ihm mal etwas wird. Es wurde ihm vorgelebt,

dass das Leben nicht nur aus Spaß besteht, sondern dass Fleiß und Disziplin dazugehören. Der Mensch an sich sei faul und daher musste auch Jochen in den Augen seiner Eltern immer wieder angetrieben werden, um die Hausaufgaben zu machen und zu lernen. Getreu dem Motto »Zuerst die Arbeit, dann das Vergnügen«. Er hat gelernt, dass Leistung belohnt wurde. Schlechte Noten hingegen wurden mit Missachtung und Hausarrest bestraft.
Um nicht aus der Bindung zu seinen Eltern zu fallen, passte Jochen sein Verhalten den Ansprüchen der Eltern an. Er hatte schnell gelernt, dass Widerspruch zwecklos war und Leistung ihm eine sicherere Bindung zu seinen Eltern versprach. Er machte also einen guten Schulabschluss und studierte anschließend Betriebswirtschaftslehre. Nach dem erfolgreichen Studium arbeitete Jochen sich im Laufe seiner Berufsjahre vom normalen Angestellten hoch bis zum Geschäftsführer. Das Unternehmen lief in all den Jahren gut, in denen er an der Spitze des Unternehmens stand. Die Auftragsbücher waren voll und es gab wenig Konkurrenz am Markt. Sein Verhalten wurde belohnt, er bekam die Bestätigung dafür, dass er das Unternehmen und seine Mitarbeiter richtig führte.
Inzwischen ist es jedoch so, dass sich das Umfeld geändert hat. Die Anforderungen des Marktes sind komplexer geworden, der Fachkräftemangel und die Lieferengpässe erschweren das effiziente Wirtschaften, die Konkurrenz nimmt zu. Dort, wo früher noch ein einzelner Spezialist Probleme lösen konnte, ist man nun darauf angewiesen, dass sich die Menschen in einem Unternehmen miteinander austauschen, kooperieren und gemeinsam an Lösungen arbeiten.
Jochen merkt, dass sein Unternehmen auf die geänderten Anforderungen nicht mehr reagieren kann. Es muss sich etwas ändern, und zwar schnell. Er hört von einer neuen Form der Arbeit, Agilität nennt sie sich. Damit sollen Teams schneller arbeiten können und Mitarbeiter mehr Verantwortung übernehmen. Zwei Dinge, die er gut gebrauchen kann.
Dann passiert das, was schon einige Unternehmen durchgemacht haben: Es werden agile Methoden in einen tayloristisch geprägten Rahmen gepresst. Mitarbeiter wie Führungskräfte, die sich seit Jahrzehnten innerhalb eines Systems bewegt haben, das auf die Optimierung von Arbeitsprozessen und

die Einhaltung von Standards fokussiert war, sollen jetzt selbstorganisiert arbeiten. Dort, wo vorher Regeln und Vorgaben Fehler vermeiden sollten, gilt es nun, diese frühzeitig zu machen und offen darüber zu sprechen.
Man merkt schon nach kurzer Zeit, dass diese Veränderung zu schnell gedacht und umgesetzt wurde. Agile Methoden und Vorgehensweisen werden zwar angewendet, aber es führt nicht zum erhofften Erfolg. Das Gegenteil ist der Fall. Zunehmend macht sich Widerstand breit. Mitarbeiter beklagen sich darüber, dass sie nun Entscheidungen treffen müssen, die vorher die Führungskraft getroffen hat. Dafür wurden sie nicht eingestellt und auch nicht bezahlt. Sie wollen weiterhin einfach nur ihren Job machen.
Da es vorn und hinten nicht läuft und die Zahlen immer schlechter werden, greift Jochen auf seine alten Verhaltensweisen (Autobahnen) zurück. Er hat in seinen Augen schon lange genug zugesehen und vertraut. Das scheint – wie er es sich schon vorher gedacht hatte – nicht zu funktionieren. Vertrauen ist gut, Kontrolle ist eben doch besser.
Er greift also ein und zitiert seine Führungskräfte zu sich, die inzwischen andere Namen haben: Product Owner und Scrum Master. Sie sollen doch bitte wieder für Ordnung sorgen. Der Scrum Master scheint seinen Job hinsichtlich der Durchsetzung des agilen Mindsets nicht richtig gemacht zu haben und der Product Owner hat sein Backlog nicht unter Kontrolle. Es mag überspitzt klingen, aber das Einzige, das an der Geschichte erfunden ist, ist der Name Jochen.

Worauf ich mit dieser Geschichte hinauswill, ist nicht, dass agiles Arbeiten verkehrt ist. Das ist es bei Weitem nicht. Agile Methoden und die Haltung, die hinter der Arbeitsweise steckt, halte ich für gut. Sie darf nur nicht nach dem Motto »Was nicht passt, wird passend gemacht« eingehämmert werden. Dann wird es ein agiles Businesstheater mit Darstellern, die auf dieser Bühne nicht stehen wollen.

Reflexionsfragen:

Wie sieht dein Bild von der Arbeit aus?

- **Beschreibe in deinen Worten, wie Arbeit ist? Wie fühlt sie sich an?**

- **Wie ist dein Bild von dir in Bezug auf die Arbeit? Wie musst du in deinen Augen sein, um deine Rolle auszuüben?**

- **Welche Anteile in dir wirken bei der Arbeit besonders stark? Welche lässt du zu Hause?**

3.1.3 Der Umgang mit Veränderungen ist individuell

Die Mitarbeiter sehen im Außen, dass sich etwas verändert. Die Abläufe sind anders, es kommen neue Termine hinzu, sie sollen sich mehr einbringen und Dinge selbst entscheiden.

Solche Veränderungen machen vielen Menschen Angst. Sie werden unsicher, ob sie dem Neuen gerecht werden können. Wenn sie zusätzlich noch in einem Umfeld arbeiten, in dem in der Vergangenheit stark darauf geachtet wurde, Fehler zu vermeiden, dann spüren sie kaum noch Sicherheit und reagieren mit Widerstand und Rückzug.

Verständlich, denn Angst erzeugt, wie du weiter oben gelesen hast, Stress. Mit dem Hintergrundwissen, das du aus den ersten beiden Kapiteln hast, weißt du, dass Menschen unterschiedlich gut mit Stress umgehen können und die einen schneller außerhalb ihres Toleranzfensters geraten als die anderen. Zudem hat jeder andere Strategien gelernt, um mit Gefahr – hier in Form von Veränderung – umzugehen.

Der Kampfmodus

Es gibt in solchen Veränderungsprozessen immer Mitarbeiter, die in den Kampfmodus gehen, um wieder in ihre Sicherheit zurückzukommen. Das ist ihre Art, um wieder das Gefühl von Kontrolle zu erlangen und ihre Wirksamkeit zu spüren. Sie gehen in den Widerstand und zeigen immer wieder auf, dass das Neue nichts bringt.

Das sind die Mitarbeiter, die häufig als Querulanten und Quertreiber betitelt werden. Lässt man sie das spüren, geraten sie nur noch mehr unter Druck und Stress. Die Folge ist, dass sie weiter verhärten, später aufgeben und in den Burn-out gehen – die Totstellstrategie.

Dabei steckt hinter dem Widerstand nur Angst. Was diese Menschen statt Ausgrenzung und Abwertung benötigen, ist ein Gefühl von Sicherheit. Die Sicherheit, sich öffnen und über ihre Ängste sprechen zu können. Die Sicherheit, damit ernst genommen zu werden und das Gefühl zu haben, dass sie dem Management nicht egal sind. Dann sind Menschen bereit, an Lösungen mitzuarbeiten, anstatt nur Vorwürfe zu machen und aufzuzeigen, was alles nicht funktioniert.

Meine Erfahrung aus unzähligen Workshops und Konfliktmoderationen ist, dass genau diese Menschen, die häufig als Querulanten abgestempelt werden, so wertvoll für echte Veränderungen sind, wenn man sie ernst und mitnimmt. Denn sie haben oft den Blick dafür, was das ursächliche Problem hinter den Symptomen ist, und ihr Kampfmodus zeigt, dass sie emotional noch involviert sind – die Arbeit ist ihnen (noch) nicht egal. Sie wollen Dinge besser machen, sie haben (noch) nicht aufgegeben. Dieses Potenzial sollte man nutzen – psychologische Sicherheit ist der Weg dorthin.

Der Rückzugsmodus

Dann gibt es bei solchen Transformationen auch die Mitarbeiter, die sich zurückziehen, sie wählen die Strategie der Flucht. Sie werden still. Hier braucht es besonders viel Fingerspitzengefühl, um diese Menschen mitzunehmen. Denk immer an die ersten beiden Kapitel dieses Buches: Das Verhalten von heute sind die Lösungsstrategien von gestern.

Damit meine ich, dass Mitarbeiter, die sich zurückziehen und still werden, vermutlich in ihrer Vergangenheit die Erfahrung gemacht haben, dass es besser ist, ruhig zu sein und nichts zu sagen, wenn es mal eng wird. Das bedeutet, dass das Wichtigste, was sie nun neu erfahren dürfen, ist, dass ihnen nichts passiert, wenn sie ihre Meinung sagen. Der Schlüssel, um bei diesen Menschen für Sicherheit zu sorgen, liegt wieder in der Verbindung: Nimmt er mich wirklich ernst? Werde ich nicht bewertet? Drohen keine negativen Konsequenzen?

Als Führungskraft, Coach oder Berater eine sichere Verbindung zu den Menschen zu schaffen, die man begleitet, ist der zentrale Punkt, wenn es um die Etablierung psychologischer Sicherheit in Unternehmen geht. Sichere Verbindungen führen dazu, dass Menschen sich öffnen und mitteilen. Intuitiv und emotional wirst du es sicherlich nachempfinden können: Wenn du das Gefühl hast, dass du gesehen wirst und deine Führungskraft dir gegenüber wohlwollend ist und ihren Fokus auf deine Stärken legt, dann wirst du mit vielen Herausforderungen leichter umgehen können. Du weißt, da ist jemand, mit dem du offen über Probleme sprechen kannst und der dich stärkt.

Das, was intuitiv klar ist, werde ich im letzten Kapitel genauer beleuchten. Hier wird es insbesondere darum gehen, wie man ein sicherer Begleiter wird, um psychologische Sicherheit im Team etablieren zu können.

Die Bindungstheorie gibt dazu Antworten und zeigt auf, warum die sichere Bindung nicht nur im Kindesalter für Entwicklung notwendig ist. Bindung hat für uns eine das Überleben sichernde Funktion. Wenn ich mich allein nicht schützen kann, rettet mich die Fähigkeit, in Verbindung mit jemandem zu gehen, der es kann. Ich gehe so weit und sage, dass sichere Verbindungen in Organisationen jede Methode in den Schatten stellen. In meinen Augen wird sich zu viel mit Methoden beschäftigt und zu wenig mit sich selbst. Führungskräfte benötigen keine Methodenschulung, sondern Klarheit und Bewusstsein über sich selbst und das Wissen über menschliches Verhalten. Sie sollten ihre eigenen Entscheidungen verstehen und sich ihrer Werte und Grenzen bewusst sein. Für psychologische Sicherheit in Organisationen braucht es selbstsichere und selbstbewusste Menschen.

Wenn Führungskräfte, Coaches und Berater wissen, wie sie zu diesen sicheren Personen werden können, die in der Lage sind, sichere Verbindungen aufzubauen, dann ist das ein großer Schritt dahin, dass psychologische Sicherheit in einem Unternehmen nachhaltig gelebt werden kann. Es könnte wie ein Spinnennetz wirken, in dem sich jeder – hier im positiven Sinne – verfängt.

In Zeiten von immer komplexer werdenden und sich schneller ändernden Anforderungen ist es die Hauptaufgabe von Führungskräften, sichere Verbindungen zu schaffen, sodass ihre Mitarbeitenden innerhalb ihres Stresstoleranzfensters arbeiten können. Denn eins ist klar, wenn die weiter oben beschriebenen Kampf- und Fluchtmechanismen nicht greifen, wird das Nervensystem die Reißleine ziehen: Der Shutdown in der Form des Burn-outs ist oft die Folge. Ein Zustand, den wir immer öfter in unserer Gesellschaft sehen (Statista 2023). Damit ist nicht gemeint, dass Mitarbeitende vor allen Herausforderungen abgeschirmt werden müssen. Nein, sie sind erwachsene Menschen und sollten als solche auch behandelt werden, auf Augenhöhe.

Reflexionsfragen

Erinnere dich an Kollegen oder Mitarbeiter, die du in der Vergangenheit als »schwierig« beurteilt hast.

- **In welchen Situationen hast du sie als schwierig empfunden?**

- **Welcher Anteil in dir empfindet diese Kollegen als schwierig und was bräuchte er, um die Situation mit dem speziellen Kollegen/Mitarbeiter anders bewerten zu können?**

- **Was, glaubst du, bräuchte dein Kollege oder Mitarbeiter und was davon könntest du ihm geben?**

3.1.4 Psychologische Sicherheit beginnt bei einem selbst

Ich komme wieder auf Jochen zurück, der eine Veränderung in seinem Unternehmen für notwendig hielt, weil er merkte, dass es in seinem Unternehmen nicht mehr rundlief.

Der Druck für die Veränderung kommt aus dem Außen und er ist dafür offen und bereit, neue Formen des Arbeitens in seinem Unternehmen zu etablieren. Bis zu diesem Punkt ist alles gut. Sein Stress beginnt an dem Punkt als er merkt, dass sich mit den neuen Methoden keine sofortige Verbesserung einstellt. Als er zunehmende Widerstände in seiner Belegschaft spürt und auch bei seinen Führungskräften Unsicherheit wahrnimmt, verfällt er in sein altes Muster. Er möchte wieder die Kontrolle zurückerlangen. Denn die ist ihm abhandengekommen und das macht ihm Angst. Er versucht, über Mikromanagement und Druck Herr der Lage zu werden, um so wieder in sein Stresstoleranzfenster zu kommen. Auf diese Strategien konnte er sich in der Vergangenheit immer verlassen und war damit erfolgreich. Also, warum etwas ändern?

Das alles läuft völlig unterbewusst ab, Jochen handelt dabei nach bestem Wissen und Gewissen. Er verhält sich so, wie es sein Welt- und Selbstbild vorgibt.

Diese Stelle ist nun die entscheidende, ob eine wirkliche Veränderung stattfinden wird oder nicht: Sollte Jochen mit seinen alten Strategien Erfolg haben, wird damit sein Selbst- und Weltbild bestätigt. Der Kreislauf wird so weitergehen. Die andere Möglichkeit ist, dass sich die Situation verschlechtert, Mitarbeiter kündigen oder vermehrt aufgrund von Krankheit ausfallen.

Erst wenn Jochen bereit ist, hinzuschauen und sich einzugestehen, dass das ganze System unter Stress steht – er selbst eingeschlossen –, wird er den Blick für neue Lösungsstrategien haben, um mit der eigenen Angst und den Befürchtungen seiner Mitarbeiter umgehen zu können.

Er kann dann sehen, dass die Symptome, die sich im Verhalten bei seinen Mitarbeitenden zeigen, von Angst geprägt sind und die Ursache dafür nicht bei den Mitarbeitern zu suchen ist. Das heißt, die wirkliche Veränderung findet erst statt, wenn Jochen bereit ist, sein Bild von sich, von Arbeit und von dem Menschen zu verändern.

Mit der Veränderung dieses Bildes ändert sich der Blick auf das Außen. Sollte Jochen in seinem Leben immer wieder die Erfahrung gemacht haben, dass er die Dinge allein regeln muss und er keine Unterstützung bekommt, wird es für ihn ein großer Schritt sein, in die Verbindung zu seinen Führungskräften zu gehen und mit ihnen gemeinsam nach Lösungen zu suchen. Um Rat zu fragen und offen darüber zu sprechen, wo er Probleme sieht, aber noch keine Lösung hat, wird ihn viel Überwindung kosten. Aber genau darin kann die Lösung liegen und genau dieser Schritt kann zur Sicherheit bei seinen Führungskräften führen. Denn psychologische Sicherheit entsteht nicht dadurch, dass einer vorn steht und Lösungen vorgibt. Sicherheit entsteht durch Verbindung und das Gefühl, nicht allein zu sein und im Miteinander jeder Herausforderung begegnen zu können.

Wenn diese innere Veränderung bei Jochen stattfindet, dann gibt es die Möglichkeit, diese Verbindungen im Unternehmen aufzubauen und so für die psychologische Sicherheit im System zu sorgen. Mit dieser Sicherheit werden die Mitarbeitenden auch bereit sein, neue Methoden auszuprobieren.

Psychologische Sicherheit beginnt oben und wirkt sich nach unten aus. Psychologische Sicherheit von unten aufzubauen, ist möglich, aber es ist schwierig, solange von oben andere Wirkmechanismen ausgehen. Denn ein Jochen mit seinem alten Selbst- und Weltbild wird andere Strukturen und Prozesse in seinem Unternehmen etablieren als ein Jochen, der das Vertrauen und den Fokus auf die Stärken seiner Mitarbeiter legt.

Damit komme ich im nächsten Abschnitt auf die zweite Ebene von psychologischer Sicherheit: die Strukturen und Prozesse. Vorher möchte ich aber noch eine Geschichte aus meiner Praxis teilen, wie die Veränderung im eigenen Verhalten einer Führungskraft innerhalb von nur sechs Stunden zu einer Sicherheit im Team führen kann, die vorher nicht vorhanden war.

3.1.5 Ein Praxisbeispiel: Vertrauensaufbau in sechs Stunden

Die Ausgangslage war die, dass ich eine Anfrage zu einer Workshopmoderation erhielt, mit dem Ziel, im Rahmen des Workshops zu klären, ob das Team mit einer bestimmten Führungskraft noch zusammenarbeiten möchte. Es gab im Hintergrund immer wieder Beschwerden über die Führungskraft. Sie schien den Ruf zu haben, gerne verbrannte Erde zu hinterlassen.

Damit du dich noch mehr in die Workshopsituation hineinversetzen kannst, noch ein paar weitere Details: Wir befinden uns in einer eher konservativen Branche und das Unternehmen ist ein Dax-Konzern. Der Raum, in dem das Team und ich uns trafen, war auch für ein Dax-Unternehmen mondän und imposant. In der Mitte stand eine lange Tafel, an der die Teilnehmer Platz nahmen.

Die Situation hätte nicht kühler sein können und der Begriff »psychologische Sicherheit« wäre in diesem Kontext zu Eis erstarrt – um ein Bild für den Einstieg in diesen Tag zu geben. Meine Aufgabe bestand demnach erst einmal nur darin, die räumliche Atmosphäre auf eine Temperatur zu bringen, in der es möglich ist, offen miteinander zu sprechen.

Solltest du nun die Frage »Und mit welcher Methode hast du das gemacht?« im Kopf haben, dann muss ich dich enttäuschen. Eine spezielle Methode war schlicht nicht relevant. Wichtig war, wie ich mit jedem einzelnen Teilnehmer in Kontakt gehe. Ich war in dem Moment der einzige Punkt für Sicherheit. Meine Sicherheit musste spürbar werden und die Teilnehmer mussten eine Verbindung zu mir fühlen.

Nach etwa zwei Stunden konnte ich eine Veränderung wahrnehmen: Die Teilnehmer schauten nicht mehr alle zu mir nach vorn, sondern schauten sich an, während sie redeten. Auch die Sprache änderte sich. Konzern- und Managementfloskeln wichen einem persönlichen Umgangston. Den entscheidenden Wendepunkt gab es, als die in der Kritik stehende Führungskraft sagte: »Ich bin bis eben davon ausgegangen, dass ich allein bin und die Dinge für mich allein lösen muss. Aber ich merke, dass das nicht stimmt, und ich möchte jetzt offen sein und euch davon erzählen, wie es mir im letzten Jahr ergangen ist.«

Es schien in dem Moment eine Maske von ihm zu fallen und er berichtete, wie er das letzte Jahr empfunden und wie schwer er sich mit Entscheidungen getan hatte. Entscheidungen, die seine Mitarbeiter und sein Umfeld nicht nachvollziehen konnten. Ab dem Zeitpunkt musste ich den weiteren Gesprächen nur noch Struktur und ein Ziel geben. Der Raum war gefüllt von psychologischer Sicherheit und jeder hatte das Gefühl, sagen zu können, was ihm auf der Seele brannte.

Was ich mit diesem Beispiel zum Ausdruck bringen möchte:

1. Jede Veränderung im Außen beginnt bei einem selbst – auch im Workshop: Als die Führungskraft spüren konnte, dass ihr nichts passieren wird, wenn sie offen von ihren Herausforderungen und Ängsten spricht, konnte sie sich öffnen. Das Selbstbild, alles allein schaffen und nach außen immer stark wirken zu müssen, durfte eine neue Erfahrung machen. Damit war es möglich, dass die Führungskraft und ihre Teammitglieder wieder in Verbindung gehen konnten.
2. Wenn du Coach oder Berater bist, bist du deine wichtigste Methode: Verbindung bringt Sicherheit. Bevor Menschen bei Gefahr in den Flucht-, Kampf- oder Erstarrungsmodus verfallen, suchen wir zuerst nach Verbindung. Diese Verbindung kannst du ins Team geben, wenn sie im Team noch nicht spürbar ist. Mehr dazu beschreibe ich im letzten Kapitel dieses Buchs, wenn es darum geht, ein sicherer Begleiter zu sein.

Reflexionsfragen

Sprichst du über deine Ängste?

- **Wenn ja mit wem und was macht diese Person aus?**

- **Wenn nein, was benötigst du, um über deine Ängste sprechen zu können?**

- **Kannst du um Hilfe bitten und sie auch annehmen? Wann fällt es dir schwer?**

- **Was würde sich in deinem Leben ändern, wenn du über deine Ängste sprechen und Hilfe annehmen könntest?**

3.2 Strukturen als Einflussfaktor auf die psychologische Sicherheit

Strukturen wirken, wie es der Halteapparat beim Menschen tut: Sie lassen das Unternehmen laufen. Wenn es dort Disbalancen gibt, ist es schnell spürbar. Es kann zu Schmerzen führen und diese Schmerzen führen zu schlechter Laune bei den Betroffenen und zu Verhaltensweisen, die zu noch mehr Ungleichgewicht führen. Um diese Disbalancen erkennen zu können, schau dir die Strukturen, Abläufe und Rahmenbedingungen in einer Organisation durch die Brille des Nervensystems aus den ersten beiden Kapiteln an.

Der Kontext hat Auswirkungen auf unser Verhalten. Frage dich, wie sich diese Rahmenbedingung oder dieser Ablauf auf das Stresstoleranzfenster eines Menschen auswirkt? Wie reagiert ein Nervensystem darauf?

Orientiere dich bei dem, was du tust, an den folgenden beiden Aussagen und du machst automatisch vieles richtig:

1. Widerstände sind eine Folge von Angst.
2. Die Ursachen für die Angst sind beim Menschen zu suchen und im Außen zu lösen.

Erinnere dich daran, dass unser Nervensystem ständig unser Umfeld auf verschiedenen Ebenen (Stichwort Neurozeption) auf Gefahren hin abscannt. Zudem reagiert die Amygdala – die Notrufzentrale in unserem Gehirn – bei Menschen unterschiedlich sensibel auf äußere Stressoren, weil jeder Mensch unterschiedliche Erfahrungen gemacht hat und unterschiedlich geprägt wurde. Dort, wo sich der eine gestresst fühlt und in Alarmbereitschaft versetzt wird, befindet sich jemand anderes noch in seinem Stresstoleranzfenster.

Um ein System psychologisch sicher zu gestalten, gestalten wir es so, dass wir mögliche Stressoren herausnehmen und durch stärkende, ressourcenorientierte Rahmenbedingungen und Abläufe ersetzen.

Es gibt eine Vielzahl von solchen Stressoren. Es sind Regelungen, Strukturen und Prozesse, die dysfunktional auf das Verhalten der Mitarbeitenden wirken. Zu oft sucht man die Schuld für das gezeigte Verhalten anschließend beim Menschen, anstatt sich das umgebende System anzuschauen und dort die Ursachen zu klären.

Ich möchte dafür auf zwei Beispiele näher eingehen, um daran aufzuzeigen, wie sich vorgegebene Abläufe auf den Menschen auswirken und Unsicherheit in das System bringen können:

1. jährliche Mitarbeitergespräche,
2. Assessment-Center.

3.2.1 Jährliche Mitarbeitergespräche

Das vorweg: Mitarbeitergespräche sind wichtig. Mitarbeitende benötigen die Rückmeldung von ihrem Umfeld, um gut arbeiten zu können. Würde man arbeiten, aber nie Feedback erhalten, würde das verunsichern.

Allerdings kommt es auf die Art des Mitarbeitergesprächs an. Damit meine ich nicht das konkrete Vorgehen – dann wäre ich wieder auf der Methodenebene –, sondern die dahinterstehende Haltung und die Absicht des Gesprächs.

Was ich bisher bei meiner Arbeit in Unternehmen beobachtet habe, ist, dass Mitarbeitergespräche immer die beiden folgenden Punkte gemein haben:

- Sie beinhalten Bewertung in Form von Einstufungen.
- Es sind Konsequenzen damit verbunden (Karrierewege, Gehaltsbänder).

Der Fokus des Gesprächs ist nicht allein darauf ausgerichtet, den Mitarbeiter zu stärken, sodass er im optimalen Fall selbstsicherer aus dem Gespräch herausgeht, als er hineingegangen ist. Sie haben auch immer die Absicht einer Bewertung, um davon abgeleitet weitere Maßnahmen ergreifen zu können, damit der Mitarbeiter produktiver sein kann.

Es ist also leider nicht so, dass der Mensch bei jährlichen Bewertungen im Fokus steht, sondern seine Ressource. Erkennst du den tayloristischen Gedanken, der sich dahinter versteckt?

Überspitzt könnte man daraus ableiten, dass der Mensch als bloße Arbeitskraft oder als Instrument zur Erreichung von Geschäftszielen betrachtet und so behandelt wird. Mitarbeitende werden auf ihren potenziellen Nutzen hin bewertet, anstatt sie als Menschen mit Gefühlen, Bedürfnissen und Zielen beziehungsweise Absichten zu sehen.

Diese Objektifizierung ist geprägt von einem Welt- und Selbstbild, das folgende Gedanken mit sich bringt:

- »In der Wirtschaft geht es um Profit.«
- »Wir haben rationale Akteure zu sein, die in einem ständigen Wettlauf um die Spitze miteinander konkurrieren.«
- »Beziehungen sind strategisch und kalkuliert.«

Eine solche Haltung führt zu einem Verhalten, das psychologische Sicherheit zunichtemachen kann: Individuen können sich ihrem Team und/oder ihrer Organisation weniger zugehörig fühlen, aufrichtiger Austausch kann fehlen und Misstrauen kann aufkommen.

Egal also, wie gut vorbereitet ein solches Mitarbeitergespräch von der Führungskraft ist, sobald nur die Ressource des Menschen im Fokus steht, schwächt es die psychologische Sicherheit. Und das aus mehreren Gründen.

1. Eine Kompetenzmatrix ist defizitorientiert: Das Verhalten eines Mitarbeiters wird bewertet und auf einer Skala eingeordnet. Es wird aufgezeigt, was noch fehlt, um den Sprung auf das nächsthöhere Entwicklungsfeld zu machen. Der Fokus liegt nicht darauf, was bereits alles da ist. Selbst bei Mitarbeitern, die ganz oben in der Bewertungsskala eingeordnet werden, kann es zur Verunsicherung kommen. In diesem Zusammenhang fand ich die Aussage einer meiner Coachees spannend, die eine sogenannte Top-

Performerin in ihrem Unternehmen ist und in ihrem Mitarbeitergespräch nur Bestnoten bekommen hat. Sie sagte, dass ihr über diese Bewertung auch klar wurde, dass sie diesem Anspruch weiter gerecht werden muss und sich keine Fehler erlauben darf.

2. Es geht zulasten der Verbindung zwischen Führungskraft und Mitarbeiter: Jedenfalls, wenn es wie oben beschrieben um Bewertung und Einstufung geht. Auch wenn der Mitarbeiter in dem Gespräch seine Wünsche Richtung Führungskraft äußern darf, besteht ein Ungleichgewicht in der Beziehung. Am Ende sind das Gehalt und der weitere Karriereweg abhängig von der Beurteilung einer einzelnen Person.
   Vertraut man einer solchen Person seine Ängste an? Spricht man offen darüber, wenn man sich überfordert und sich einer Aufgabe nicht gewachsen fühlt?
   Es gibt allerdings Führungskräfte, die diesen Spagat hinbekommen. Sie schaffen es durch ihre sehr verbundene Art der Führung, selbst solche Gespräche gut für den Mitarbeiter zu nutzen.
3. Sind individuelle Zielvereinbarungen Bestandteil des Gesprächs, wirkt dies auf unterschiedliche Weise auf das System: Wenn auf individueller Ebene Ziele verfolgt werden, wird der Mitarbeiter die Aufgaben mit mehr Fokus und Sorgfalt angehen, die auf seine eigenen Ziele einzahlen, als die, die das Team in Summe weiterbringen. Das kann zu Konflikten und gegenseitigen Vorwürfen im Team führen. Im Ergebnis nimmt es Sicherheit aus dem Team.

Auch bei den individuellen Zielvereinbarungen kann man das Menschenbild durchblitzen sehen, dass dem Taylorismus zugrunde liegt: Der Mensch benötigt Vorgaben, die er erreichen muss, um gute Leistung zu bringen. Aus intrinsischen Motiven und der eigenen Motivation wird er es nicht tun.

»

Der Mensch verhält sich kontextbezogen. Psychologisch sichere Umgebungen fördern selbstorganisiertes Verhalten und ein besseres Miteinander.

«

Wie kann man Mitarbeitergespräche psychologisch sicher gestalten?

Die wichtigste Veränderung besteht darin, dass mit den Mitarbeitergesprächen keine Konsequenz verknüpft ist. Sie sollten ihren offiziellen Charakter verlieren und mit ihnen sollte nicht die Absicht verfolgt werden, dass am Ende eine Gehaltserhöhung oder der nächste Karriereschritt bevorsteht.

Mitarbeitergespräche sollten lediglich zwei Ziele haben:

- die Bindung und das Vertrauen zwischen Führungskraft und Mitarbeiter zu stärken,
- dem Mitarbeiter seine Stärken und Ressourcen bewusst zu machen.

Wenn man diese zwei Ziele konsequent im gesamten Unternehmen verfolgt, benötigen Mitarbeiter keine Prämien oder Boni, um herausragende Arbeit zu leisten.

Selbstsichere Menschen, die in sicheren Beziehungen leben – Arbeitsbeziehungen sind dabei ausdrücklich eingeschlossen – und sich dadurch innerhalb ihres Stresstoleranzfensters bewegen, sind von Natur aus kreativ, lernbegierig und bereit sich weiterzuentwickeln.

Wir Menschen brauchen nur das entsprechende Umfeld und die eigene Selbstsicherheit, um unser Potenzial zu leben. Dafür braucht es keine äußeren Anreize. Im Gegenteil, wenn man versucht, Menschen mit beispielsweise Bonizahlungen zu Mehrleistungen zu bringen, kann diese Aktion genau das Gegenteil hervorbringen.

Eine Geschichte zum Thema Bonuszahlungen

Um zu veranschaulichen, was ich damit meine, möchte ich dir eine Geschichte mit dem Titel »Zwischen Boni und Insektenhotels« (Poppenborg 2023) erzählen. Sie ist ursprünglich von Mark Poppenborg geschrieben, dem Gründer von »intrinsify«.

Beispiel: Zwischen Boni und Insektenhotel

Es war einmal ein kleiner Junge namens Frederick. Frederick hatte ein Hobby. Er baute schrecklich gerne Insektenhotels. Er war ein so guter Insektenhotelbauer, dass seine Nachbarn ihn fragten, ob er auch für sie ein Insektenhotel bauen würde. Das tat er gerne und die Nachbarn waren sehr zufrieden mit ihren neuen Insektenhotels.

Das sprach sich herum und weitere Nachbarn wollten ein Insektenhotel haben. Frederick fing an, Geld für die Insektenhotels zu nehmen, und die Nachbarn zahlten gerne.

Immer mehr Menschen im Dorf bekamen Wind von Fredericks Insektenhotels und bestellten ebenfalls Wohnstätten für die nützlichen Tiere.

Irgendwann kam Frederick nicht mehr hinterher und fragte seine Freunde, ob sie ihm helfen könnten. Er zahlte ihnen sechs Euro die Stunde dafür, dass sie mit ihm Insektenhotels bauten.

Die kleine Runde der Insektenhotelbauer wuchs und alle hatten unglaublichen Spaß, weil alle Kunden ihre Insektenhotels so toll fanden. Ihre Freundschaft war enger denn je, denn sie waren stolz darauf, was sie gemeinsam erreichten.

Eines Tages lernte Frederick ein Mädchen namens Sirbyh kennen. Sie erzählte ihm, wie er noch erfolgreicher werden könnte.

Frederick folgte ihrem Rat und fing an, jedem seiner Freunde zusätzlich acht Euro für jedes fertiggestellte Insektenhotel zu zahlen. Und Sirbyh schien recht zu behalten, seine Freunde bauten noch mehr Häuser in noch kürzerer Zeit.

Einige Wochen später kam es zu den ersten Beschwerden bei Kunden. Die Insektenhotels hätten ihre Originalität verloren. Sie sähen alle gleich aus und seien nicht mehr so leidenschaftlich gebaut.

Frederick ließ sich erneut von Sirbyh beraten. Sie empfahl ihm, eine Kreativprämie einzuführen. Jede Woche solle er dem Freund mit dem kreativsten Insektenhotel einmalig fünfzehn Euro bezahlen.

Frederick war von Sirbyhs Idee sehr angetan und schritt sofort zur Tat. Und tatsächlich entwickelten seine Freunde daraufhin einige spektakuläre Insektenhotels, von denen er sich sehr zufriedene Kunden versprach.

Die Kunden waren zunächst hellauf begeistert von den ausgefallenen Insektenhotels. Doch erneut kam es zu Beschwerden. Dieses Mal bemängelten die Kunden die abnehmende Qualität.
Frederick war zunehmend enttäuscht von seinen Freunden und rückte immer enger mit Sirbyh zusammen, die stets versprach, ihm aus der Patsche zu helfen. Er bezahlte Sirbyh großzügig für ihre Dienste.
Um das Qualitätsproblem in den Griff zu bekommen, stellten Sirbyh und Frederick ein Kind ein, das bei jedem Insektenhotel eine Qualitätsprüfung durchführen sollte. Außerdem bekam jeder seiner Freunde zusätzliche zwanzig Euro pro Woche, wenn seine Fehlerrate pro Insektenhotel unter vier Fehlern blieb.
Das fanden einige seiner Freunde sehr unfair. Sie schlossen sich zusammen und wählten einen Sprecher, der mit Frederick und Sirbyh verhandeln sollte. Die Freunde waren nicht damit einverstanden, dass jeder dieselbe Qualitätsprämie in Höhe von zwanzig Euro bekam, denn sie arbeiteten unterschiedlich lange für Frederick – schließlich gingen viele von ihnen noch zur Schule –, und so war es für manche leichter, weniger als vier Fehler pro Woche zu machen.
Frederick und Sirbyh hielten das zwar für kleinlich, gingen aber auf die Forderungen ein. Da der Berechnungsaufwand der Bezahlung nun jedoch immer komplizierter wurde, stellten sie eine weitere Freundin ein, die sich um die Berechnung der Boni kümmerte.
In den nächsten Wochen und Monaten stritten sich die Kinder regelmäßig mit dem Qualitätskind darüber, was denn überhaupt ein Fehler sei und was nicht. Zugleich wurden die Kunden immer unzufriedener und die Verkaufszahlen nahmen zum ersten Mal ab.
Daraufhin entschlossen sich Frederick und Sirbyh dazu, einen Erwachsenen einzustellen, der den Kindern beibrachte, wie man anständig arbeitet. Das müssten Erwachsene schließlich wissen, dachten sich die beiden.
Brav gingen seine Freunde zu dem Unterricht des Erwachsenen, doch ihre Arbeit machte ihnen immer weniger Spaß und ihr Frust wuchs zunehmend. Manche entschlossen sich dazu, den Insektenhotelbau an den Nagel zu hängen.

Frederick fiel es inzwischen sehr schwer, neue Freunde zu finden, die für ihn arbeiten wollten. Die Probleme hatten sich herumgesprochen. Sirbyh riet ihm deshalb dazu, seinen verbleibenden Freunden eine Prämie in Höhe von fünfzehn Euro zu zahlen, wenn sie einen ihrer Freunde für die Arbeit in der Insektenhotelproduktion anwarben.
Außerdem engagierten sie einen weiteren Erwachsenen, der den Kindern davon erzählte, wie wichtig es für die Insekten sei, ein Hotel zu haben. Und dass sie mit dem Bau der Hotels einen Beitrag zur Stabilisierung des Insektenökosystems leisteten.
Frederick renovierte zusätzlich die Werkstatt, strich die Wände bunt, stellte im Garten eine Hüpfburg auf und legte überall Süßigkeiten aus, die er aus seinen verbleibenden Erträgen finanzierte.
Doch irgendwie half das alles nicht. Erstaunlicherweise distanzierten sich Fredericks Freunde nur noch mehr von ihm. »Undankbares Pack«, sagte er zu Sirbyh. Sirbyh hatte jedoch ebenfalls zunehmend die Lust verloren und »half« von nun an an zwei Tagen die Woche einem Mädchen im Dorf dabei, Puppenhäuser »erfolgreicher« zu verkaufen.
Mit jeder Woche stiegen Fredericks Kosten, während seine Einnahmen langsam, aber sicher zurückgingen.
Nach weiteren sechs Monaten gab Frederick schließlich völlig enttäuscht auf und schickte seine letzten treuen Freunde nach Hause.

Ich finde diese Geschichte so passend, weil sie sehr anschaulich vermittelt, wie Strukturen und Regelungen Einfluss auf das Verhalten von Menschen haben und wie ein funktionierendes System ins Ungleichgewicht kommen kann. Zudem macht sie deutlich, dass Symptome, die sich im menschlichen Verhalten zeigen, oft auf den Kontext zurückzuführen und nicht in der Persönlichkeit der Menschen zu suchen sind.

3.2.2 Assessment-Center

Es kommen immer wieder Coachees aufgrund dessen zu mir, dass sie in einem Assessment-Center durchgefallen sind und ihnen damit der Weg zu bestimmten Karrierepfaden vereitelt wurde. Als wäre das nicht genug, führt das

Scheitern im Assessment-Center zusätzlich zu Selbstzweifeln und dem Infragestellen der eigenen Person. Meist liegt der Grund für das Nichtbestehen darin, dass diese Führungskräfte bezüglich ihres Führungsstils anders sind als der große Rest. Sie sind menschlich und nahbar. Das wird ihnen als Schwäche und fehlende Durchsetzungsfähigkeit ausgelegt. Zuletzt saß noch eine Führungskraft bei mir, die außerordentlich wirksam ist und die ihren Bereich zu viel Erfolg und Ansehen geführt hat. Ihre Haltung und die Art ihres Führungsstils wurden jedoch infrage gestellt, weil sie von der Norm abwichen.

Assessment-Center schaden nicht nur auf der persönlichen Ebene – der Schmerz und die Verbitterung ist neben den Selbstzweifeln in jedem der Gespräche, die ich dazu führe, spürbar. Sie schaden auch dem Unternehmen, denn es entsteht ein Misstrauen gegenüber dem Management. Es wird einerseits Diversität und Verantwortungsübernahme gefordert und andererseits Einheitsbrei gefördert. Beurteilungsprozesse sind also in den meisten Kontexten alles andere als fair und psychologisch sicher. Sie sind die perfekte Brutstätte für die langfristige Kulturerosion. In Zeiten des Fachkräftemangels kann sich das kein Unternehmen mehr leisten.

Wie soll dann entschieden werden, wer Führungskraft wird und wer nicht?

Auf die Frage, wie eine solche Entscheidung anders, psychologisch sicher gestaltet werden kann, gibt es nicht die eine Antwort. Dafür sind Systeme zu unterschiedlich. Es gibt allerdings Leitplanken, die eine Allgemeingültigkeit haben und an denen man sich bei der Beantwortung der Frage orientieren sollte.

Die erste Leitplanke: Berücksichtige das Stresstoleranzfenster

Möchte man, dass Menschen sich weiterentwickeln, kreativ sind und motiviert bleiben, sollten Abläufe so gestaltet sein, dass sich Mitarbeiter innerhalb ihres Stresstoleranzfensters bewegen können. Sie sollten stresssensibel gestaltet sein.

Die zweite Leitplanke: Verbindung führt zu psychologischer Sicherheit
Bei allem, was man an Prozessen und Vorgaben etabliert, sollte dafür gesorgt sein, dass sie menschliche Verbindung unterstützen und nicht hindern.

Noch eine Bemerkung zum Schluss: Bevor man sich die Frage stellt, wie ein Entscheidungsprozess bezüglich neuer Führungskräfte aussehen könnte, sollte man sich die Frage stellen, wozu eine klassische Führungsrolle noch gebraucht wird. An welchen Stellen im Unternehmen und mit welchem Zweck ist sie nützlich?

Dazu könnte man sicherlich ein eigenes Buch füllen. Daher werfe ich hier nur einmal diesen Gedanken auf, werde da aber nicht weiter einsteigen.

3.3 Projektorganisation als Einflussfaktor auf die psychologische Sicherheit

Projekte sind schon lange nicht mehr die Ausnahme in Unternehmen, sondern die Regel. Sie gehören ganz selbstverständlich zum Tagesgeschäft und schließen auch zentrale Aufgaben des Unternehmens ein. So verfestigt sich die Idee der Projektarbeit in der gesamten Organisation. Dabei werden Projektteams – Gruppen von Mitarbeitern unterschiedlicher Abteilungen, Hierarchieebenen und Qualifikationen – für zeitlich und thematisch begrenzte Aufgaben eingesetzt. Manche Mitglieder dieser Teams haben gar keine festen Aufgaben mehr, sondern sind ausschließlich in wechselnden Projekten beschäftigt.

Ein solcher Kontext kann bereits zu Unsicherheiten bei Menschen führen. Unterschiedliche Hierarchiestufen innerhalb eines Projektteams können zur Folge haben, dass beispielsweise ein Sachbearbeiter sich nicht traut, einem Kollegen, der sonst auf einer höheren Position sitzt, Gegenargumente zu liefern. Wechselnde Aufgaben in immer wieder wechselnden Teams können zu einem Gefühl des Nicht-Dazugehörens führen.

Bei der Recherche zu diesem Buch fand ich eine interessante Studie, die im Rahmen des Seminars »Projekt- und Risikomanagement in IT-Projekten« am Zentrum für Schlüsselqualifikationen der Universität Mannheim durchgeführt wurde (Becker/Huber 2008: 10). Die Studie kommt zu dem Ergebnis, dass Projekte nicht an der Technik scheitern, sondern an der fehlenden Information und Kommunikation sowie an fehlendem Vertrauen im Projektteam. Die Auswahl des Vorgehensmodells hatte dabei laut der Studie keinen Einfluss auf den Projekterfolg. Um also das magische Dreieck aus Kosten, Zeit und Leistung einhalten zu können, muss ein Umfeld geschaffen werden, in dem die Menschen verbunden und im Miteinander arbeiten können. Psychologische Sicherheit ist eine notwendige Voraussetzung für den Projekterfolg. Da am Projektgeschäft häufig Produkteinführungen und Innovationen hängen, ist das Thema hier besonders wichtig.

Wie aber sieht die Realität aus?
Dazu beschreibe ich im Folgenden ein Praxisbeispiel, das stellvertretend für viele andere Projekte steht, mit denen ich es in meiner eigenen Angestelltenzeit und später als externer Coach zu tun hatte. Ich beschreibe anfangs die Rahmenbedingungen im Projekt, um dann im zweiten Schritt aufzuzeigen, was von den Rahmenbedingungen dazu geführt hat, dass dieses Projekt aus Sicht der psychologischen Sicherheit zum Scheitern verurteilt war.

- Es sollte eine neue SAP-Software eingeführt werden. Das bedeutete neben einem Systemwechsel, dass sich auch zukünftig Zuständigkeiten änderten.
- Das Projektteam wurde aus verschiedenen Bereichen besetzt. Dafür wurden Mitarbeiter aus der Linie ausgewählt, die Experten auf ihrem Gebiet waren. Sie wurden nicht gefragt, ob sie die Projektaufgaben übernehmen wollten, sie wurden dazu angewiesen. Fünfzig Prozent ihrer Arbeitszeit sollten sie in das Projektgeschäft stecken.
- Die abzugebenden Linienaufgaben mussten von den Kollegen aufgefangen werden, die bisher schon zu hundert Prozent ausgelastet waren.

- Jeder Geschäftsbereich hatte andere Anforderungen an das System. Dazu wurden Projektteams gebildet (Teilprojekte), die ihren jeweiligen Bereich im Projekt vertreten sollten.
- Zu Beginn wurde ein Lastenheft geschrieben, in dem sehr genau die Anforderungen dokumentiert werden mussten. Die Ansage war, dass das, was nicht drinsteht, bei der Systemumstellung nicht berücksichtigt werden würde.
- Zur Abstimmung innerhalb des Projekts gab es viele Termine, die auch zu Uhrzeiten stattfanden, zu denen Halbtagskräfte eigentlich nicht mehr zur Verfügung standen. Es bestand jedoch eine Teilnahmepflicht.
- Es wurden Urlaubssperren verhängt, auch über Schulferienzeiten.
- Es gab einen definierten Einführungstag für das neue System.
- Die internen Projektmitarbeiter mussten ihre Kollegen schulen.

Wenn du dir diese Rahmenbedingungen durchliest, erkennst du sicherlich viele Parallelen zu Projekten, in denen du selbst mitgearbeitet hast oder die du von außen beobachten konntest. Gerade dann, wenn in deinem Unternehmen Projekte noch im klassischen Wasserfallmodell durchgeführt werden.

Folgende Symptome zeigten sich unter anderem im Projekt:
1. Es gab vermehrt Konflikte innerhalb der Linienteams, zwischen den Projektmitarbeitern und denen, die das Tagesgeschäft machten.
2. Die Krankheitsquote stieg. Dabei nahm die Zahl der Langzeiterkrankungen zu.
3. Die Projektteams arbeiteten nicht miteinander, sondern zunehmend gegeneinander.
4. Nach der Systemeinführung standen viele Mitarbeiter dem neuen System negativ gegenüber und gingen in den Widerstand.

Es verwundert nicht, dass sich die oben genannten Symptome zeigen. Aber lass uns einmal genauer betrachten, was die Symptome mit dem Nervensystem und unserem Thema »psychologische Sicherheit« zu tun haben.

Erstes Symptom

Es gab vermehrt Konflikte innerhalb der Linienteams, zwischen den Projektmitarbeitern und denen, die das Tagesgeschäft machten.

Ursachen

Eine von außen bestimmte Auswahl, wer in dem Projekt mitarbeiten soll, kann die nicht ausgewählten Mitarbeiter demotivieren – auch wenn die Auswahl sachlich begründet ist. Menschen reagieren nicht ausschließlich rational. Erinnere dich dazu an den Kreislauf des Selbstbilds: Wenn ein Mensch das Bild von sich hat, nicht gut genug zu sein, wird er über diesen Selbstbildfilter sein Außen interpretieren. Das bedeutet, dass er die Entscheidung für einen anderen Kollegen als Entscheidung gegen sich wertet: Er ist nicht gut genug und deshalb darf ein Kollege mitarbeiten und er nicht.

Zusätzlich kann darüber, dass die Mitarbeitenden bei der Auswahl des Projektteams nicht aktiv involviert wurden, bereits eine Art von Zwei-Klassen-Gesellschaft in einem Team entstehen: die, die mitspielen dürfen, und die, die den Laden am Laufen halten, damit die Kollegen an den wirklich wichtigen Dingen mitarbeiten können. Auch wenn das objektiv nicht stimmen mag, die subjektive Empfindung des Einzelnen bestimmt sein Verhalten.

Die Linienmitarbeiter werden überlastet. Das erzeugt Stress. Stress verhindert das rationale Denken: Unser Neokortex wird in Teilen ausgeschaltet und damit ist so etwas wie ein Perspektivwechsel kaum mehr möglich. Zu sehen, dass auch die Projektmitarbeiter zu viel Arbeit haben und dort nicht die Schuld für die eigene Überlastung zu sehen ist, fällt unter Stress schwerer.

Das Projekt und die Mitarbeit der Kollegen scheint auf die Mitarbeitenden im Linienteam nur negative Auswirkungen zu haben. Wenn zusätzlich Betreuungszeiten von Kindern in den Schulferien nicht sichergestellt werden können, verursacht das zusätzlichen Stress. Menschen reagieren darauf automatisch mit Kampf, Flucht oder dem Totstellreflex. Die Reaktion »Kampf« zeigt sich durch die zunehmenden Konflikte. Oder anders ausgedrückt: Stellt man fest, dass es mehr Streitigkeiten in Teams gibt, kann man davon ausgehen, dass Angst im System ist. Angst, die sich in Stressreaktionen äußert.

Zweites Symptom

Die Krankheitsquote stieg. Dabei nahm die Zahl der Langzeiterkrankungen aufgrund von insbesondere Burn-out oder Bandscheibenvorfall zu.

Ursachen

Wenn es im Vorfeld zum Projekt keine Freiwilligkeit bezüglich der Mitarbeit im Projekt gab und auch die Arbeitsteilung zwischen Projekt- und Linientätigkeit vorgegeben wurde, ohne dies mit den Betroffenen abzustimmen, führt das rasch zur Überforderung bei allen Mitarbeitern.

Möchte ein Mitarbeiter beispielsweise nicht in dem Projekt mitarbeiten, weil er insgeheim Angst hat, dem nicht gewachsen zu sein, kann daraus ein innerer Widerstand entstehen. Überforderung bedeutet Stress für das autonome Nervensystem, das entsprechend reagiert. Was sich beim ersten Symptom noch als Konfliktverhalten zeigte (Kampf), zeigt sich hier nun in der Flucht durch Krankheit. Gehen Menschen in den Burn-out, ist es die letzte Möglichkeit des Nervensystems, mit den äußeren Stressoren umzugehen.

Die fehlende Selbstbestimmung zeigte sich auch in der Anwesenheitspflicht bei den Projektterminen. Unabhängig davon, ob man in Teilzeit arbeitete oder nicht, wurde von jedem Mitarbeiter erwartet, dieser Anweisung zu folgen. Es gab keinerlei Verhandlungsspielraum.

Diese Rigidität betraf auch die Urlaubsregelungen. Es galten Urlaubssperren über die Schulferienzeiten, in denen Kinder von ihren Eltern hätten betreut werden müssen. Davon waren nicht nur die Projektmitarbeiter, sondern auch ihre Kollegen in der Linie betroffen. Diese sollten von den eigenen Projektkollegen angewiesen werden, keinen Urlaub in der Zeit zu nehmen, um das Tagesgeschäft übernehmen zu können. Es ist nicht verwunderlich, dass darauf mit Kampf (Konflikte im Team) oder Flucht (Krankheit) reagiert wurde.

Warum haben die Mitarbeitenden das mit sich machen lassen?
Weil Unsicherheit und Angst im ganzen System steckten. Sie waren Bestandteil des Führungsstils. Es greifen nur Führungskräfte zu solchen Mitteln, die ausschließlich die Ressource des Menschen und die Erfüllung von wirtschaftlichen Zielen im Blick haben. Ein klassischer Manager nach Taylor. Das heißt, dass dieser Führungsstil auch abseits des Projekts gelebt wurde und die langjährigen Mitarbeiter diese Art des Umgangs als normal empfanden – viele kannten nichts anderes.

Zum anderen darf man die individuelle Angst vor dem Jobverlust nicht unterschätzen. Die Existenzangst aufgrund eines möglichen Jobverlusts nehmen viele Menschen als sehr bedrohlich wahr, auch wenn objektiv viel dagegenspricht. An der Stelle weise ich noch mal auf den Kreislauf des Selbstbildes hin und wie dieser sich auf den eigenen Wahrnehmungsfilter auswirkt: Objektiv mag die Sorge, den Job zu verlieren, weil man für die eigenen Grenzen einsteht, unbegründet sein. In der eigenen Wahrnehmung wirkt es aber gefährlich. Ist man einmal in diesem Angst- und Stressstrudel gefangen, ist auch schwer, über andere Optionen wie einen Jobwechsel nachzudenken.

Klassische Wasserfallprojekte haben ihn noch, den exakten Zieltermin. Alles wird darauf ausgerichtet. Und je näher der Termin rückt, desto höher wird der Druck auf das ganze Projektteam.

Auch wenn das magische Dreieck (Umfang, Kosten, Zeit) in der Theorie aufzeigt, wie man damit umzugehen hat, läuft es in der Praxis doch häufig anders: Wenn der Zieltermin näher rückt, werden zusätzliche Mitarbeiter nicht dazu führen, das Zeitziel mit einer höheren Wahrscheinlichkeit zu erreichen. Die neuen Mitarbeiter werden anfangs zur Unruhe im Team führen, was eher aufhält als beschleunigt (Phasenmodell nach Tuckmann).

Auch der Umfang des Projekts wird häufig nicht reduziert, wenn man sieht, dass es in der angenommenen Zeit nicht realisierbar ist. Das hat nicht immer etwas mit Nicht-Wollen zu tun, sondern oft mit Nicht-Können. Wasserfallprojekte sind anders organisiert als beispielsweise agile Projekte. Hier wird nicht iterativ vorgegangen. Daher ist es am Ende oft nicht möglich, einen Teil der Anforderung nicht umzusetzen.

Der Zeitdruck, der dadurch mit dem Fortschreiten des Projekts immer höher wird, und die damit verbundenen Konsequenzen (Überstunden, kein Urlaub) wirken sich natürlich auf das Stresslevel jedes Mitarbeiters aus. Wenn es dann zu viel wird, werden die Menschen krank.

Drittes Symptom

Die Projektteams arbeiten nicht miteinander, sondern zunehmend gegeneinander.

Ursachen

Dieses Symptom ist die Folge von nahezu sämtlichen Rahmenbedingungen. Es gibt einen festgelegten Einführungstermin, an dem nicht gewackelt wird. Dafür werden Überstunden und Urlaubssperren auferlegt. Der Druck wächst, Fehler führen dazu, dass noch mehr Zeit benötigt wird. Die Gefahr, es nicht zu schaffen, wird bei allen Teilprojektteams immer mehr spürbar.

Was ist die erste natürliche Reaktion auf Gefahr, noch vor Kampf, Flucht und dem Totstellreflex? Ja genau, Verbindung! Das wäre auch im Projektgeschäft ein sehr cleverer Schachzug. Denn im Austausch kann man voneinander lernen und Antworten auf Fragen bekommen, die man selbst noch nicht hat. Das funktioniert aber nur mit Menschen, die sich innerhalb ihres Stresstoleranzfensters befinden und deren ventraler Vagusnerv aktiv ist (wenn du noch mal nachschauen magst, was es mit dem ventralen Vagus auf sich hat, kannst du das im ersten Kapitel in dem Abschnitt »Der ventrale Vagus« nachlesen). Aufgrund der Rahmenbedingungen und des enormen Drucks, der auf allen im Projektteam lastet, greift nicht die Verbundenheit und die Lösungssuche im Miteinander, sondern es kommen Rückzug und Kampf zum Einsatz. Jeder kümmert sich nur noch darum, dass das eigene Teilprojekt rechtzeitig fertig wird.

Es entsteht zwischen den Teilprojekten eine Art Konkurrenzkampf, da in regelmäßigen Statuscalls mithilfe einer Ampelsystematik der Fortschritt aufgezeigt wird. Je näher der Einführungstermin rückt, desto mehr rückt der Fokus auf die Projektteile, die einführungsverhindernd sein könnten. Die Schuldfrage steht immer mehr im Raum und ist für alle spürbar.

In Vorträgen erzähle ich oft eine selbst erfundene Geschichte, um zuhörenden Führungskräften und Projektleitern aufzuzeigen, wozu psychologische Unsicherheit in Projekten führen kann und wie sehr das Außen darauf Einfluss nimmt. In meiner Geschichte strandet ein Team auf einer einsamen Insel. Anfangs sind alle glückselig, weil es dort wunderschön ist und jeder seinen Platz in der Gruppe und seine Aufgabe gefunden hat. Sie haben gemeinsam ein gutes Leben.

Dann ändert sich das äußere Klima. Das Meer wird immer rauer, Wirbelstürme ziehen über die Insel und der Regen fällt monsunartig vom Himmel. Das bringt Unruhe in das Team, man ist nur noch damit beschäftigt, zu retten, was noch zu retten ist. Die Menschen sind zunehmend gestresst und jeder zieht sich darauf zurück, das eigene Überleben zu sichern. Ein Teammitglied bemerkt diesen Zustand des fehlenden Miteinanders und schlägt vor, sich regelmäßig gemeinsam zu treffen und miteinander zu reden, um wieder mehr Verbundenheit im Team zu fördern. Das hat eine gewisse positive Wirkung auf die Inselbewohner, die aber immer wieder durch noch stärker werdende Tropenstürme eingedämmt wird.

Ähnliche Effekte konnte ich in vielen Projekten sehen. Ich wurde dazu geholt, damit Teams wieder funktionieren und ihre Konflikte klären. Die Ursachen lagen dabei oft in den umgebenden Strukturen und Vorgaben.

Eine nachhaltige psychologische Sicherheit kann sich nur etablieren, wenn dabei auch die umgebenden Strukturen angesehen werden und man offen ist, daran etwas zu verändern. Ansonsten ist es für das Team schwer, das aufgebaute Vertrauen innerhalb des Teams zu halten und zu weiten. Denn so wie jeder einzelne Mensch hat auch ein Team nur eine begrenzte Resilienz gegenüber äußeren Stressoren.

Viertes Symptom

Viele Mitarbeiter standen dem neuen System nach Einführung kritisch gegenüber und gingen in den Widerstand.

Ursachen

Es wurde im Projekt nicht berücksichtigt, dass es sich bei der Softwareeinführung nicht nur um eine Änderung von Funktionalitäten handelte, sondern dass auch Prozesse und Verantwortlichkeiten davon betroffen waren. Denn gerade bei Softwareeinführungen, bei denen Unternehmensprozesse in einen Standard gedrückt werden, bedeutet das eine Umstellung von Abläufen und Verantwortlichkeiten bei den Mitarbeitenden. Das birgt ein riesiges Konfliktpotenzial, das viel zu oft in Transformationsprozessen nicht berücksichtigt wird.

Für die betroffenen Mitarbeiter bedeutete das nicht nur, dass sie in neuen Funktionalitäten geschult werden mussten, sondern dass ihnen Aufgaben weggenommen und neue zugeordnet wurden. Von diesen Änderungen erfuhren während der Projektlaufzeit nur die Projektmitarbeiter, und auch nur sie hatten die – wenn auch nur begrenzte – Möglichkeit, darauf Einfluss zu nehmen.

Mit Veränderungen können nur wenige Menschen gut umgehen. Gut in dem Sinne, dass ihr Nervensystem dabei reguliert bleibt. Bei vielen Menschen führt eine Veränderung zu Stress, gerade wenn man sie nicht aktiv mitgestalten konnte und keine Wahlmöglichkeit hat. Der Stress ist oft durch die Angst verursacht, das Neue nicht zu können.

Häufig wird in diesem Zusammenhang den Menschen nahegelegt, aus ihrer Komfortzone zu gehen, um weiterzukommen, und dem Neuen offen gegenüberzustehen. Der Kopf mag dem zustimmen, wenn aber das eigene autonome Nervensystem da nicht mitzieht, wird es in der Umsetzung schwierig. Denn es ist autonom und bewusst nicht steuerbar. Das ist der Grund, warum viele Menschen, die kognitiv verstanden haben, was sie unternehmen müssten, um weiterzukommen, es nicht schaffen, diese Dinge umzusetzen. Der Kopf sagt ja, das eigene Toleranzfenster aber nein.

Zurück zu der Tatsache, dass die Mitarbeitenden dem Projekt auch nach der Einführung noch negativ gegenüberstanden: Die anderen oben beschriebenen Rahmenbedingungen sind natürlich ebenfalls dafür ursächlich. Das ganze Projekt hat zu Stress und Konflikten bei den Kollegen geführt und ist demnach nicht positiv belegt.

Nicht das gezeigte Verhalten der Mitarbeitenden ist falsch, die Umstände sind es. Das Verhalten der betroffenen Menschen ist eine normale Reaktion auf nicht normale Situationen.

Verhalten von Menschen lässt sich fast immer mithilfe des Wissens aus der Neurobiologie, der Traumapsychologie und der Systemtheorie erklären. Sich den Widerständen in Projekten mit diesen Grundannahmen zu nähern und neugierig nachzuforschen, wo die Ursachen liegen, kann einem als Projektleiter das Leben erleichtern. Denn jeder, der schon einmal versucht hat, Menschen von etwas überzeugen zu wollen, die gegen eine Sache sind, weiß, wie kräftezehrend und nichts-bringend das sein kann.

Zwei Tatsachen können dir in deiner Arbeit als Projektleiter zur Orientierung dienen:

1. Widerstände sind eine Folge von Angst.
2. Die Ursachen für die Angst sind beim Menschen zu suchen und im Außen zu lösen.

Wie sieht nun ein Projekt aus, das psychologisch sicher gestaltet ist? Zum einen gilt es, die Rahmenbedingungen und die Kommunikation so zu gestalten, dass sich alle Menschen, die von der Projektarbeit oder der Einführung des neuen Systems direkt oder indirekt betroffen sind, psychologische sicher fühlen. Zum anderen solltest du, wenn trotz der Berücksichtigung der psychologischen Sicherheit im Projekt, Widerstände auftauchen, *mit* diesen Widerständen arbeiten. Nicht gegen sie.

Was bedeutet das ganz konkret?
Ausgehend von den Rahmenbedingungen aus meinem Beispielprojekt zeige ich auf, welche Prinzipien der psychologischen Sicherheit berücksichtigt werden sollten, sodass Projekte entsprechend aufgesetzt werden.

10 | **Prinzipien der psychologischen Sicherheit**

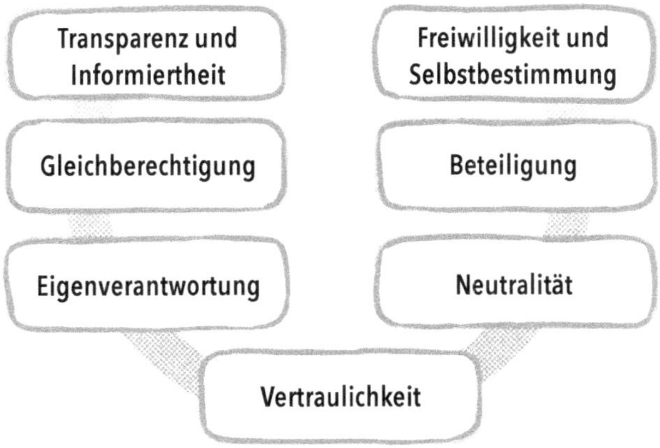

1. Prinzip der Transparenz und Informiertheit
Alle Arten von Änderungen, die aus einem Projekt resultieren und die Arbeit von Mitarbeitenden betreffen, sollten frühzeitig herausgearbeitet und kommuniziert werden.

2. Prinzip der Freiwilligkeit und der Selbstbestimmung
Die Projektbeteiligung sollte mit den infrage kommenden Kollegen ergebnisoffen besprochen werden. Auch die Rollen und die damit verbundene Tätigkeit sollten nicht von der Projektleitung vorgegeben werden.

Wird dabei festgestellt, dass die Kollegen sich bei der Entscheidungsfindung im Kreis drehen, Mitarbeiter in den Widerstand gehen oder sich zurückziehen, ist das ein Zeichen dafür, dass über etwas Unsicherheit herrscht. Hier ist es wichtig, nicht in das alte Command-and-Control-Muster zu verfallen und wieder Vorgaben zu machen, um das Problem schnell zu lösen.

Die hinter dem Widerstand liegende Unsicherheit würde ansonsten später im Projekt an einer anderen Stelle wieder aufpoppen. Klüger ist es, dem Verhalten frühzeitig nachzugehen und herauszufinden, was dahintersteckt und was die Mitarbeitenden benötigen, um wieder in die Sicherheit zu kommen und daraus Entscheidungen treffen zu können.

Damit Menschen selbstbestimmt arbeiten können, brauchen sie Sicherheit in Form von:

- verlässlichen Rahmenbedingungen (zum Beispiel: was darf ich entscheiden und was nicht),
- Informationen, auf deren Basis sie eigene Entscheidungen treffen können (Prinzip der Informiertheit), und
- ein zu lösendes Problem – und keine vorgegebenen Aufgaben.

Selbstbestimmtheit meint also nicht eine Selbstüberlassung, denn diese würde zu Unsicherheit führen. Diesen Fehler beobachte ich immer wieder bei Unternehmen, die auf agile Arbeitsweisen im Projektgeschäft schwenken. Sie verwechseln Selbstorganisation mit Selbstüberlassung. Es fehlen dann ein Rahmen, Grenzen, Informationen und ein klares Ziel.

3. Prinzip der Gleichberechtigung
Innerhalb des Projekts wie auch in der Kommunikation mit den Stakeholdern von außen sollte das Prinzip der Gleichberechtigung gelten. Das bedeutet, dass jede Meinung und jeder Wortbeitrag den gleichen Stellenwert bei Diskussionen hat. Damit dieses Prinzip nicht nur eine leere Worthülse bleibt, steht gerade zu Beginn der Projektleiter hier in der Verantwortung, dass dieses Prinzip gelebt wird.

Jeder muss mitbekommen, dass es ihm wichtig ist, dass Gesprächsanteile in Besprechungen gleich verteilt sind und dass bei der Entscheidungsfindung nicht nur die Meinung von Führungskräften oder starken Wortführern berücksichtigt wird. Das bedeutet, dass sich ein Projektleiter dafür starkmacht und hier seine Führungsverantwortung in dem Projekt annimmt. In der Konsequenz kann das dazu führen, dass er in den Konflikt mit Stakeholdern oder Kollegen gehen muss, die diesen Wert nicht teilen. Daher braucht psychologische Sicherheit immer auch einen selbstsicheren Begleiter, der bereit ist, für die Prinzipien, die hinter der psychologischen Sicherheit liegen, einzustehen.

4. Prinzip der Beteiligung aller Betroffenen
Es ist wichtig, dass die Menschen, die an einem Projekt mitwirken, auch an diesem beteiligt werden. Damit gibt man ihnen das Gefühl von Wirksamkeit und Einflussnahme. Nur über die aktive Mitwirkung aller Beteiligten kann sichergestellt werden, dass am Ende eine Projektarbeit entsteht, die von allen getragen wird.

5. Prinzip der Eigenverantwortung
Die Projektmitarbeiter entwickeln die für sie optimale Projektstruktur und gemeinsame Arbeitsweise. Der Projektleiter liefert dabei keine Lösungen. Er ist für die Strukturierung des Prozesses verantwortlich und unterstützt die Kollegen dabei, selbstständig ihre Lösung zu finden.

6. Prinzip der Neutralität des Projektleiters

Der Projektleiter ist dafür verantwortlich, dass das Projektziel erreicht wird. Seine Rolle dient einzig dem Projekterfolg. Damit er diese Rolle bestmöglich ausfüllen kann, sollte er allparteilich bleiben. Das bedeutet, er stellt sich persönlich nicht auf eine bestimmte Seite. Er hat den übergreifenden Blick und moderiert gegensätzliche Anforderungen oder Meinungen so, dass die für den Projekterfolg beste Lösung dabei herauskommt. Er unterstützt dabei alle Parteien, das für sie beste Vorgehen zu finden.

7. Prinzip der Vertraulichkeit

Bei Konfliktgesprächen wird eine Vertraulichkeit vereinbart. Die beteiligten Parteien und der Projektleiter verpflichten sich, nur die Informationen nach außen zu geben, denen jeder zugestimmt hat.

Wenn du dich gerade zu Beginn des Projekts stark an diesen Prinzipien ausrichtest, wirst du es im laufenden Projekt mit weniger Widerständen zu tun haben. Noch mehr: Du wirst einen Zusammenhalt spüren, der gerade in den kritischen Projektphasen dafür sorgt, dass alle an einem Strang ziehen und ihr euer Projektziel erreicht.

Sollte es doch zu Widerständen im Projektverlauf kommen, denke immer an die beiden Leitplanken:

- Widerstände sind eine Folge von Angst.
- Die Ursachen für die Angst sind beim Menschen zu suchen und im Außen zu lösen.

Reflexionsfragen:

Wenn du auf Projekte zurückschaust, in denen du mitgearbeitet hast:

- **Welche Symptome zeigten sich dort?**

- **Welche Prinzipien wurden nicht eingehalten und könnten ursächlich für die von dir beobachteten Symptome sein?**

- **Welche Prinzipien wurden eingehalten und wie hat das auf das Projekt gewirkt?**

- **Wie gehst du bisher mit Widerständen bei Kollegen oder Mitarbeitern um?**

- **Was lösen Widerstände von anderen Menschen bei dir für Gefühle aus? In welchen inneren Zustand kommst du (ärgerlich, ängstlich, wütend, traurig, entspannt, offen)?**

- **Welches Bedürfnis steht bei dir dahinter? Was möchte von dir gesehen und beachtet werden?**

3.4 Kommunikation als Einflussfaktor auf die psychologische Sicherheit

Kommunikation spielt eine bedeutungsvolle Rolle bei der Schaffung und Aufrechterhaltung psychologischer Sicherheit in einem Team oder einer Gruppe. Eine offene und respektvolle Kommunikation fördert das Vertrauen und das Gefühl der Sicherheit, während eine dysfunktionale oder fehlende Kommunikation das Vertrauen und die Sicherheit beeinträchtigen kann.

Wenn eine Gruppe eine Kultur offener und konstruktiver Kommunikation hat, fühlen sich die Mitglieder eher bereit, Ideen auszudrücken und Feedback zu geben, ohne Angst vor Kritik oder Zurückweisung zu haben. Dies fördert die Zusammenarbeit und die Kreativität, da die Mitglieder der Gruppe ihre Gedanken und Ideen frei äußern können. Darüber hinaus kann eine offene Kommunikation dazu beitragen, Konflikte in der Gruppe zu lösen, indem sie es den Mitgliedern ermöglicht, ihre Meinungen und Bedenken frei auszudrücken und gemeinsam Lösungen zu finden.

Wenn es um die Kommunikation innerhalb eines Teams allerdings nicht gut bestellt ist, können Mitglieder zögern, ihre Meinungen auszudrücken oder Feedback zu geben, da sie befürchten, dass ihre Gedanken nicht respektiert oder akzeptiert werden. Dies kann zu einer Kultur der Angst und Zurückhaltung führen, was die Zusammenarbeit und Kreativität in der Gruppe beeinträchtigt. Ebenso können nicht gelöste Konflikte das Vertrauen zwischen den Mitgliedern beeinträchtigen und die psychologische Sicherheit in der Gruppe untergraben.

Insgesamt hat die Art und Weise, wie eine Gruppe kommuniziert, einen direkten Einfluss auf die psychologische Sicherheit ihrer Mitglieder. Wenn ich von dysfunktionaler Kommunikation spreche, fallen dir wahrscheinlich einige Beispiele dafür ein. Abwertende Bemerkungen wie »Was ist das für ein sinnloser Vorschlag« oder Verallgemeinerungen wie »Damit ist wirklich niemandem geholfen« hast du vielleicht sogar schon selbst zu Ohren bekommen. Beschuldigungen und verbale Attacken gehören ebenso zu einer Art des Umgangs, der nicht förderlich für das Miteinander ist.

3.4.1 Sarkasmus: der Tod für psychologische Sicherheit

Es gibt aber noch eine spezielle Umgangsform, die zu Unsicherheit im Team führen kann: der Sarkasmus.

Ich habe in meiner Arbeit als Scrum-Masterin ein Team begleitet, in dem augenscheinlich alles super lief zwischen den Kollegen. Es wurde viel gelacht und rumgewitzelt. Allerdings immer auf Kosten eines anderen. Sarkasmus und Ironie waren die Form des gewählten Humors in dem Team.

Oscar Wilde hat es treffend formuliert, als er sagte: »Sarkasmus ist die niedrigste Form von Humor, aber die höchste Form von Intelligenz.«

»

Alles, was du im Außen kreierst, entsteht über deine Kommunikation.

«

Menschen bedienen sich oft dieser Art des Humors, um mit Druck und schwierigen Situationen umgehen zu können. Sie schaffen damit Distanz. In erster Linie zwischen sich und ihren eigenen Gefühlen in Bezug zu der Situation, in der sie sich gerade befinden.

Es ist auch hier wieder eine Strategie, um mit den eigenen Ängsten umgehen zu können. In diesem Fall: die Gefühle gar nicht erst fühlen zu müssen.

Wenn sich aber niemand in stressigen Situationen nahbar zeigt, fördert das nicht einen sicheren Umgang untereinander. Die Versuche, mithilfe des Sarkasmus über die Tatsache des hohen Drucks hinwegzugehen, verhindern die Möglichkeit zu einer Veränderung des Außen. Es wird für alle Teammitglieder zunehmend schwierig, eigene Sorgen zu äußern und Probleme konkret zu benennen. Wenn das jedoch ausbleibt, nimmt jeder das Außen hin und das Gefühl der Machtlosigkeit verstärkt sich. Als Führungskraft oder Coach ist es demnach wichtig, genau hinzusehen und sich von vordergründiger guter Laune nicht blenden zu lassen.

3.4.2 Der kreisende Eisberg

Kommunikation ist eine Form menschlichen Verhaltens und ist damit Ausdruck des eigenen Selbst- und Fremdbilds. Wie ich auf das, was im Außen passiert, reagiere, hängt davon ab, durch welche Brille ich darauf schaue und es interpretiere.

Wie in den vorangehenden Kapiteln beschrieben, bildet sich dieser Brillenfilter im Laufe meines Lebens durch meine gemachten Erfahrungen. Und meine Reaktion in Form von Kommunikation hängt davon ab, welcher innerer Anteil gerade in mir die Oberhand hat.

Jeder Einzelne wirkt somit in seiner Art der Kommunikation auf die Art des Miteinander in der Gruppe. Das erklärt, warum im Miteinander Beziehungsstörungen an der Tagesordnung sind, wo immer Menschen zusammenleben und -arbeiten.

Die Fähigkeit, mit derartigen Störungen klarzukommen und sie zu lösen, ist elementar, wenn man für psychologische Sicherheit in Gruppen sorgen möchte. Das Gegenteil ist aber zu beobachten. Zu oft reagieren Menschen auf das Verhalten anderer Menschen aus eigenen verletzten oder verletzenden Anteilen heraus. Es entsteht ein Kreislauf aus Aktion und Reaktion.

Mithilfe des Eisbergmodells und dessen Kreislauf lässt sich die Entstehung von zwischenmenschlichen Konflikten verständlich erklären.

11 | **Der Konflikt-Kreislauf**

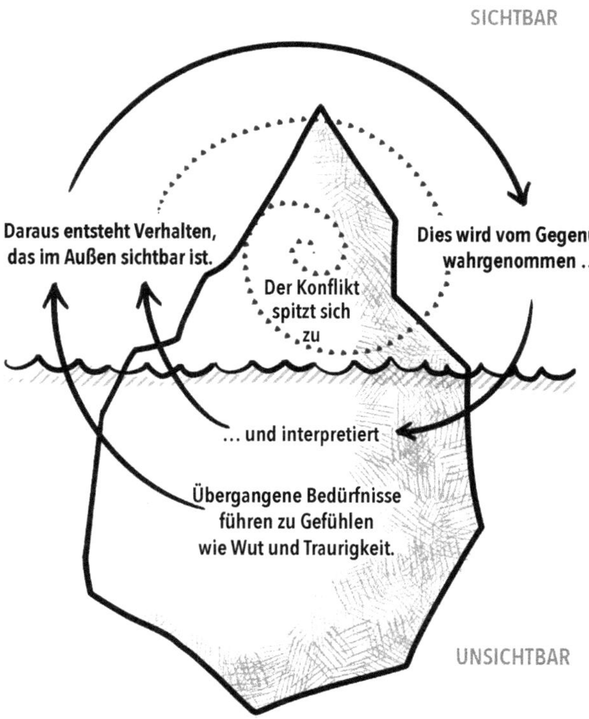

Wenn auf der Sachebene keine Einigkeit erzielt werden kann, ist das ein Zeichen dafür, dass es auf der Beziehungsebene etwas zu klären gibt. Jeder fühlt sich vom Gegenüber in seinen eigenen Bedürfnissen nicht gesehen, übergangen oder gar verletzt und handelt aus dem daraus entstandenen Gefühl.

»Wenn Sie meine E-Mail von gestern gelesen hätten, dann wüssten Sie, dass ...« oder »Können Sie uns denn nicht wenigstens die Netto-Zahlen mal nennen?«

Oft stecken hinter solchen Aussagen alte Hühnchen, die ungerupft durch den Raum fliegen und für Unruhe sorgen. Je nachdem, wie weit fortgeschritten der Konflikt ist, ist es kaum noch möglich, auf der Sachebene zu reden. Alles, was gesagt wird, wird als feindselig, besserwisserisch oder Rechtfertigungsversuch ausgelegt. Die Empathiefähigkeit des Neokortex schwindet und das limbische System sowie das Stammhirn übernehmen die Führung.

Gut gemeinte Versuche, Ruhe in die Streitparteien zu bekommen, indem immer wieder angemahnt wird, doch auf der Sachebene zu bleiben, kommen nicht an, weil hier das bewusste und rationale Denken angesprochen wird. Dieser Teil ist aber gerade ausgesetzt. Im Innern der Konfliktparteien herrscht Aufruhr und Angst. Nicht der sachliche Neokortex, sondern die alten Gehirnteile Stammhirn und limbisches System beherrschen das Denken und mehr noch das Fühlen.

Von außen braucht es nun einen Begleiter, der dabei unterstützt, die Beziehung zu klären, indem er jeden Einzelnen dazu ermutigt und dabei unterstützt, von sich zu sprechen. Sodass im Ergebnis die Beteiligten davon wegkommen, das Gegenüber zu beschuldigen, sondern es schaffen, von sich zu sprechen und dadurch für alle anderen sichtbar zu machen, was unterhalb der eigenen Wasseroberfläche liegt – um im Bild vom Eisberg zu bleiben. Oft ist Menschen nicht bewusst, warum sie zum Beispiel verärgert sind. Ihnen ist noch nicht klar, welcher Anteil, welches Bedürfnis aus den Tiefen des Unbewussten kommend dahintersteckt und bisher nicht gesehen wurde. Wenn das

Empfinden allerdings sichtbar und offengelegt wird, kann eine Annäherung auf der Beziehungsebene entstehen, weil das Gegenüber versteht, was im anderen vorgeht. Über das gegenseitige Verständnis kann anschließend auf die Sachebene gewechselt und dort gemeinsam nach Lösungen gesucht werden.

Das Verstehen des eigenen Verhaltens – ich nenne es auch Selbst-Bewusst-Sein – dient demnach immer auch dem gegenseitigen Verständnis. Einen Raum psychologischer Sicherheit zu schaffen, wirkt sich so auf die Art der Kommunikation in Teams aus. Gerade wenn man ein Team über einen längeren Zeitraum begleitet, kann man hier den größten Einfluss nehmen. Dabei darf man sich in seiner Rolle und Person als Begleiter als das wertvollste Werkzeug im Methodenkoffer der Möglichkeiten begreifen.

Wie offen du als Führungskraft oder Coach vor dein Team trittst und wie menschlich du dich zeigst, hat einen großen Einfluss darauf, wie bereit die Teammitglieder sind, sich zu öffnen und mitzuteilen, um was es ihnen wirklich geht, wenn sie beispielsweise verärgert sind. Wenn teilnehmende Akteure dabei die Erfahrung machen, für die empfindsame Seite nicht verurteilt oder, noch schlimmer, belächelt zu werden, kann sich dieses Verhalten immer weiter etablieren. Dazu braucht es gerade zu Beginn erfahrungsgemäß oft einen erfahrenen Begleiter, der in alltäglichen Meetingsituationen auf die Art und Weise der Kommunikation achtet und das oder die Projektteams wohlwollend moderiert.

3.4.3 Die Moral-Falle

Allerdings tappen an der Stelle Coaches oft in die Falle, den Beteiligten nicht auf Augenhöhe zu begegnen, sondern mit einem moralischen Zeigefinger »falsche Kommunikation« anzumahnen oder Vorgaben zu machen, wie miteinander zu reden ist. Solche Verhaltensregeln führen jedoch zum Gegenteil von psychologischer Sicherheit, denn auch hier können Menschen Angst haben, etwas falsch zu machen. Gerade dann, wenn sie mit den Themen wie Kommunikation oder Psychologie noch nicht so viele Berührungspunkte hatten. Auf die Angst, etwas falsch zu machen, reagieren sie dann mit Widerstand oder Rückzug. So können Vorgaben, auch wenn sie inhaltlich korrekt sind, zu einem Verhalten führen, das konträr zu der eigentlichen Absicht der Vorgabe steht.

Um es an einem Beispiel festzumachen: In sogenannten Retrospektiven, die häufig bei der Form des agilen Arbeitens ihre Anwendung finden, beobachte ich, dass in vielen Fällen zu Beginn des Meetings die Direktive herausgegeben wird: »Wir gehen davon aus, dass alle zu jeder Zeit nach bestem Wissen, Gewissen und Kenntnisgrad gehandelt haben.« Inhaltlich stimme ich dieser Aussage zu einhundert Prozent zu. Wenn allerdings damit in eine Retrospektive eingestiegen wird, bleiben die Dinge, die eigentlich gesagt werden wollen, unausgesprochen. Denn diese Direktive gibt vor, dass Schuldzuweisungen nicht ausgesprochen werden sollen.

Was mache ich aber dann mit meinem Frust? Was mache ich, wenn ich überzeugt bin, dass mein Kollege Mist gebaut hat, mich das ärgert und mir die pauschale Aussage, dass jeder nach bestem Wissen und Gewissen handelt, da gerade gar nicht hilft? Die Wahrscheinlichkeit ist hoch, dass der verärgerte Mitarbeiter bei dem Termin nichts sagen und den Frust in sich reinfressen wird. Im schlechtesten Fall ist das Ergebnis, dass anschließend hintenrum geredet wird. Doch gerade das soll durch Retrospektiven verhindert werden.

Erwachsene Menschen benötigen keine moralischen Verhaltensvorschriften. Sie benötigen lediglich ein Umfeld, in dem sie sich menschlich zeigen können. Dabei darfst du als Begleiter diesen Raum aufmachen, indem du vorlebst, wie sich psychologische Sicherheit in Verbindung mit dir anfühlt.

3.4.4 Die Harmonie-Falle

Neben den oben beschriebenen aufgestellten Verhaltensregeln kann man in eine zweite Falle der Kategorie »Gut gemeint, aber nicht gut gemacht« tappen. Ich nenne sie gerne die Harmonie-Falle, denn eine Führungskraft kann auch zu empathisch reagieren – auch wenn Führungskräften oft das Gegenteil vorgeworfen wird.

Weil sie andere nicht kränken oder Konflikte vermeiden will, sagt sie nicht immer klar ihre Meinung. Das kann ihr insbesondere mit Menschen so gehen, die ihr schwächer oder stärker erscheinen. Die Vermeidung der klaren Meinungsäußerung kann eine Art unbewusster Schutzmechanismus sein – für die Führungskraft oder den anderen.

Um den Frieden nicht zu stören oder Beziehungen nicht zu irritieren, werden wichtige Dinge nicht angesprochen und können so nicht geklärt werden. Es wabert weiter und kann ein ganzes Team verunsichern. In ganz unterschiedlicher Weise. Entweder spürt das Gegenüber, dass die Führungskraft mit etwas nicht zufrieden ist, weiß aber nicht genau, was es ist, und ist darüber verunsichert. Oder das Team hat einen ähnlichen Blick wie du auf die Arbeitsleistung des Kollegen und wundert sich, warum die Führungskraft es nicht anspricht. Auch das bringt Unruhe in das System.

Unklarheit bringt Unsicherheit in Systeme.

Dazu ein Beispiel eines Klienten von mir, der als Scrum-Master zwei Teams begleitete – ich nenne ihn hier mal Max.
Das eine Team von ihm lief super. Man lachte zusammen, sprach in den Retrospektiven offen die Themen an, die nicht gut liefen, und konnte sich auch gegenseitig auf die Schulter klopfen und Erfolge feiern. Hier machte ihm die Arbeit als Scrum-Master Spaß, er zeigte sich, wie er war, und konnte mit seiner offenen Art und seinem fachlichen Know-how das Team dabei unterstützen, sich noch weiter zu entwickeln.
Und dann gab es das andere Team. Er erzählte, dass die Stimmung in dem Team von einem Kollegen – Achim – abhing. Wenn er gut gelaunt war, liefen gemeinsame Besprechungen produktiv. An anderen Tagen ging er Kollegen jedoch persönlich an, wenn sie Vorschläge machten, die nicht in seinem Sinne waren. Da Achim schon sehr lange in dem Unternehmen arbeitete und viel Fachwissen hatte, waren einige Mitarbeiter von ihm abhängig, wenn es um besonders knifflige Fragen ging. Es traute sich niemand, ihm die Stirn zu bieten und ihn darauf hinzuweisen, dass sein Verhalten verletzend war.

Als ich meinen Klienten fragte, ob er das Gespräch mit Achim schon gesucht habe, antwortete er, dass Achim ihn ignoriere und durch die Remotearbeit auch keines dieser zufälligen Gespräche in der Küche entstehen könnte. Auf meine Nachfrage, was er denn schon alles getan hätte, um mit Achim zu sprechen, überlegte er und sagte dann, dass es nicht viel gewesen sei. Er hielt noch einmal inne und fügte hinzu »Birgit, wenn ich ehrlich bin, dann weiche ich dem Gespräch mit Achim aus. Ich drücke mich davor, weil ich Konfliktgespräche nicht mag«.

Damit ist Max nicht allein. Vielen Menschen fällt es schwer, Gespräche zu führen, die emotional werden könnten. Die Hürde liegt meist darin begründet, dass diese Menschen sich entweder vor intensiven Gefühlen scheuen oder nicht wissen, wie man ein solches Gespräch führt.

Wie man Themen ansprechen kann, die einen ärgern, ohne dem anderen das Gefühl zu geben, dass man ihn als Person ablehnt, hat Schulz von Thun schon 1998 mit seinem Vier-Seiten-Modell einer Nachricht aufgezeigt (Schulz von Thun 1998: 99). Man trennt die Sachinformation von der Person.

»In diesem Arbeitsergebnis fehlt mir x« ist eine Aussage zur Sache. In dem Satz ist keine Du-Botschaft enthalten, er sagt nicht aus: »Du bist nicht gut genug«. Dennoch kann das Gegenüber diese Aussage daraus hören, weil sie Teil seines Selbstbilds ist. Das kann schmerzhaft sein. Allerdings sollte die Konsequenz dieser Möglichkeit nicht sein, dass du deine Punkte nicht ansprichst. Du hilfst damit deinem Mitarbeiter nicht, denn er wird sich so nicht weiterentwickeln können. Wenn dein Gegenüber emotional reagiert – dazu gehört auch eine plötzliche emotionale Kälte –, kannst du davon ausgehen, dass es etwas unterhalb der Wasseroberfläche gibt, das geklärt werden sollte.

In den meisten Fällen liegt Angst als Ursache hinter einem verbalen Angriff oder dem eingeschüchterten Rückzug. Mit dem Wissen um unser Nervensystem weißt du nun, dass der andere außerhalb seines Stresstoleranzfensters ist und mit seinem Verhalten eine Strategie fährt, um vermeintlich die

Kontrolle zurückzuerlangen. Die einen gehen in den Kampf, die anderen fliehen. Da die Verbindung zwischen Menschen unseren ventralen Vagusnerv stimuliert und so Sicherheit ins Nervensystem bringt, kannst du dir dies zu eigen machen und dein Gegenüber co-regulieren, sodass es von seiner Kampf- oder Fluchtstrategie ablassen und so in sein Stresstoleranzfenster zurückkehren kann.

Co-Regulation ist die Art, wie du dem anderen Menschen vermittelst: »Hey, du bist okay und du musst von mir keine Ablehnung deiner Person befürchten«. Je nachdem wie konfrontativ das Verhalten des anderen ist, wird dir dieses In-Verbindung-Bleiben mehr oder weniger schwerfallen. Es hat viel mit deiner Sicherheit und deinem Selbstbewusstsein zu tun. Deshalb gehe ich darauf im letzten Kapitel noch einmal genauer ein und zeige auf, was du für dich tun kannst.

Und wenn es dir trotz allen Wissens um die Neurobiologie und des Verständnisses für menschliches Verhalten immer noch schwerfällt, in Konflikte zu gehen und deine Meinung zu sagen? Dann darfst du dir dein Nervensystem anschauen und in dich reinspüren, welche Ängste hinter deiner Vermeidungsstrategie stecken. Auch dazu gebe ich dir im letzten Kapitel Unterstützung und Methoden, um daran zu arbeiten.

Reflexionsfragen:

- Bist du auch schon einmal in die Empathie-Falle geraten?

- Was passiert vor deinem inneren Auge, wenn du dir gedanklich vorstellst, dass du jemandem klar deine Meinung sagst, auch wenn ihm das nicht passt?

- Was hält dich ab, deine Meinung zu sagen?

Erinnere dich an deine letzte Konfliktsituation.

- Rekonstruierte den Konflikt mithilfe des kreisenden Eisbergs: Was hast du gesagt? Was hast du gefühlt und um welches Bedürfnis ging es dir?

- Wie hat dein Gegenüber auf dich reagiert?

• Um was ging es aus deiner Sicht deinem Gegenüber?

• Was hätte dein Gegenüber gebraucht, um sich in der Situation sicher fühlen und auf die Sachebene kommen zu können?

Gibt es bei euch Verhaltensregeln?

• Wenn ja, welches Verhalten soll dadurch verhindert werden?

• Könnte sich dieses Verhalten dann in anderen Situationen zeigen?

• Wenn eine Regel nur zu einer Art Umleitung von Verhalten führt, was könntet ihr stattdessen tun, damit das Verhalten sich nicht zeigen muss? Behalte dabei im Hinterkopf, dass es für jedes Verhalten einen Grund gibt.

3.5 Essenz

Psychologische Sicherheit in Unternehmen braucht eine Sicherheit für den Einzelnen und Strukturen im Außen, die die innere Sicherheit des Einzelnen nicht sabotieren.

Die Strukturen sind das Ergebnis von Entscheidungen des Top-Managements. Da jede Führungskraft ein eigenes Selbst- und Weltbild hat, haben diese Bilder wiederum einen Einfluss auf die Strukturen, Abläufe und Regelungen in Unternehmen.

Ist ein System auf Konkurrenz aufgebaut, ist es nur schwer oder fast unmöglich, psychologische Sicherheit zu etablieren. Solange es beispielsweise noch individuelle Zielvereinbarungen gibt und gerade im Top-Managementbereich ein Großteil des Gehalts davon abhängig ist, dass KPIs des eigenen Ressorts erfüllt sein müssen, wird man von einem Miteinander auf Gesamtebene nur träumen können.

Das Silodenken, das den Mitarbeitenden vorgeworfen wird, entsteht bereits in den oberen Führungszirkeln und wird nach unten durchgereicht. Aufgebrochen werden kann es aber nur, wenn man von den Anreizsystemen wegkommt. Es ist eben oft so, dass sich die Symptome auf Teamebene zeigen, die Ursachen allerdings woanders zu suchen sind.

Ich möchte Führungskräfte dabei nicht pauschal verurteilen, denn häufig handeln sie nach bestem Wissen und Gewissen. Sie verhalten sich in den meisten Fällen so, wie sie es können und gelernt haben.

Jeder Mensch kann aber dazulernen, sich reflektieren und neue neuronale Netzwerke bilden. Das fördert das eigene Potenzial und wirkt sich positiv auf das Umfeld aus.

4.
Kennzeichen einer unsicheren Gesellschaft

Schaut man sich in seinem Bekannten- und Freundeskreis um, sieht man überall ähnliche Bilder: gestresste Menschen. Familien mit Kleinkindern oder mit pflegebedürftigen Angehörigen scheint es noch einmal härter zu treffen. Es handelt sich dabei aber nicht nur um eine subjektive Wahrnehmung, denn auch die Zahlen belegen es (Badura et al. 2022).

Begriffe wie Depressionen, Angststörungen, Burn-out und Überforderung sind in aller Munde. Die Nervensysteme der betroffenen Menschen liegen dauerhaft außerhalb ihres Stresstoleranzfensters und die Menschen haben keine Werkzeuge, um sich selbst zu regulieren.

Was sich hier zeigt, ist eine Leistungsgesellschaft, die aufgrund fehlender Gegenstrategien zunehmend zur Burn-out-Gesellschaft wird. Hier das Gesundheitssystem als Reparaturbetrieb zu missbrauchen, halte ich für falsch.

Das heißt nicht, dass unsere gesellschaftliche Entwicklung rückgängig gemacht werden sollte, aber wir müssen nach Möglichkeiten suchen, um modernes Leben und Gesundheit dauerhaft miteinander zu vereinbaren.

4.1 Neid als Folge von Angst und transgenerationalen Traumatisierungen

Wenn es eine Angst ist, die sich immer wieder zeigt, dann ist es wohl die Existenzangst. Ich habe Menschen aus den unterschiedlichsten Bereichen und mit unterschiedlichen Einkommen und vermeintlichen Sicherheiten über ihre Existenzangst in meinen Coachings klagen gehört. Die Worst-case-Szenarien, die dabei beschrieben werden, haben mich in ihrer Kreativität häufig überrascht. Existenzangst ist oft so stabil, dass sie selbst in sorglosen Zeiten im Hintergrund lauert und nur darauf wartet, dass es einen unsicheren Moment gibt und sie zuschlagen kann. Sie kann aber auch sehr subtil wirken, sodass man sie bewusst gar nicht wahrnimmt. Dabei beeinflusst sie beispielsweise unsere Risikobereitschaft und deckelt unsere Veränderungswünsche.

Existenzangst kann uns den Schlaf rauben und ein Nährboden für viele andere Ängste sowie für Depressionen sein.

Für jede Angst gibt es Gründe, die dahinterstehen. So ist es auch bei der Existenzangst. Ich möchte hier auf die zwei meiner Meinung nach essenziellen Ursachen eingehen. Zum einen ist das die transgenerational überlieferte Traumatisierung und zum anderen ist es die Erfahrung der erlernten Hilflosigkeit.

Unsere Eltern- und Großeltern-Generation sind im Krieg oder in der Nachkriegszeit aufgewachsen. Eine Zeit, in der alle Menschen traumatisiert wurden und ihre Existenz bedroht oder sogar vernichtet worden war. Unsere Familien tragen eine Traumatisierung in ihrem System, die sich ganz konkret und klar auf Existenz bezieht. Viele unserer Vorfahren, die vielleicht sogar noch leben, haben unmittelbar die Erfahrung gemacht, wie es ist, wenn die eigene Existenzgrundlage entzogen wird und man mit leeren Händen, mit Hunger und mit der Bedrohung der puren Existenz konfrontiert ist.

Als neurosystemisch und traumasensibel ausgebildeter Coach weiß ich, dass solche Traumatisierungen nicht mit der nächsten Generation einfach enden, sondern dass viele von diesen Traumatisierungen oftmals sehr subtil, teilweise aber auch direkt und greifbar weitergegeben werden. So sind in vielen Eltern oder Großeltern tiefe Ängste wirksam. Da ist kein Gefühl von wirklicher Sicherheit. Im Gegenteil, es gibt das Empfinden aufgrund einer tief sitzenden Prägung, dass das Hier und Jetzt nicht sicher ist und dass jederzeit etwas passieren kann. Dadurch entsteht oft ein übermäßiges Kontrollbedürfnis oder das Gefühl, dass keinerlei Art von Sicherheit wirklich Gewissheit bringen kann, dass es gut weitergehen wird.

Wenn deine Eltern oder Großeltern diese Prägung erfahren haben, dann werden sie wahrscheinlich unwillkürlich etwas davon an dich weitergegeben haben. Möglicherweise werden sie dir ein Grundgefühl oder sogar konkrete Werte mitgegeben haben, die in Verbindung zu deinem Gefühl von Sicherheit und mit der Fähigkeit, unbeschwert zu leben, zu tun haben.

Beispielsweise können sie dir vorgelebt haben, dass man sparsam leben und immer auch die zukünftige finanzielle Situation im Auge haben sollte. Grundsätzlich ist es sicherlich vernünftig, finanziell vorzusorgen. Wenn es aber dazu führt, dass du das Hier und Jetzt nicht genießt, du dir kaum etwas im Leben gönnst oder in deinem Nine-to-five-Job bleibst, der dich unglücklich macht, dann wirken diese Verhaltensweisen dysfunktional auf deine Lebensfreude.

Diese Prägungen von Bedrohung und Mangel spiegeln sich auch in unserer heutigen Gesellschaft wider, in der wir auf Leistung getrimmt sind. Die Angst, dass jemand anderes einem etwas wegnehmen könnte, ist schnell auszulösen. Die Auswirkungen haben wir in der Flüchtlingskrise in den Jahren 2015 und 2016 gesehen, in der Schutzsuchenden nicht einmal ein Smartphone zugestanden wurde. Und auch im Jahr 2023 werden eigene Ängste mit Abwertung, Neid und Missgunst gegenüber Minderheiten und Ausländern kompensiert.

4.2 Die erlernte Hilflosigkeit als Ursache vieler Ängste

Die Ebene der weitergegebenen Traumatisierungen spiegelt sich auch in der zweiten Ursache für Existenzangst wider, die ich jetzt beleuchten werde. Das ist der Umstand der erlernten Hilflosigkeit. Dieser Begriff beschreibt genau, was er auch ist: das Erlernen von Hilflosigkeit.

Hilflosigkeit erlernen wir, wenn unsere Bindungspersonen in unserer Kindheit nicht in der Lage sind, uns zu vermitteln, dass wir Dinge selbst bewältigen und dass wir unsere Bedürfnisse erfüllen können. Wenn in dem Alter, in dem wir unser Selbstbewusstsein entwickeln und unsere Selbstwirksamkeit erfahren, uns keine Gelegenheiten geschenkt werden, unsere eigene Kraft und Wirksamkeit zu erfahren, hat das Auswirkungen auf unser späteres Gefühl von Sicherheit.

Erlernte Hilflosigkeit entsteht vielfach in Elternhäusern, in denen die Elternteile zum Beispiel durch Krieg traumatisiert wurden und dadurch ein erhöhtes Kontrollbedürfnis haben. Oder in Elternhäusern, in denen die Bindungspersonen aufgrund ihrer eigenen Traumatisierung ihren Kindern zu wenig Fürsorge geben können.

Erlernte Hilflosigkeit entsteht demnach in den zwei extremen Polen: entweder dort, wo zu viel Kontrolle und dadurch keine Selbstwirksamkeit stattfinden konnte, oder dort, wo es zu wenig Hinwendung gab und dadurch Gefühle von Ohnmacht und Hilflosigkeit entstanden sind. Das, was dabei herauskommt, ist ein Gefühl von Unzulänglichkeit. Ein Gefühl, eigene Bedürfnisse nicht befriedigen oder versorgen zu können. Sich selbst nicht helfen zu können, im eigenen Leben machtlos und hilflos zu sein.

Erlernte Hilflosigkeit stammt also aus einer Zeit, in der wir als Kinder abhängig von unseren Eltern waren. Die Existenzangst, die wir als Erwachsene fühlen, ähnelt dem Gefühl der erlernten Hilflosigkeit sehr. Denn auch in der Existenzangst fühlen wir uns abhängig von äußeren Umständen. Wir haben das Empfinden, dass unsere Sicherheit von äußeren Umständen bedroht sein könnte. Oder auch vom Gefühl der inneren Unzulänglichkeit. Eine Unzulänglichkeit, die der erlernten Hilflosigkeit entspricht, dem Mangel in das Vertrauen in die eigene Kraft und Selbstwirksamkeit.

Existenzangst wird heutzutage meist bezeichnet als eine Angst vor finanzieller Unsicherheit und finanziellen Mangel. Wenn wir als Erwachsene Existenzangst haben, ist das also nichts anderes als uns von etwas abhängig zu fühlen, das uns unsere Existenz sichern kann. Heutzutage ist es das Geld – jedenfalls in unseren Breiten, in denen wir derzeit zum Glück nicht von Krieg bedroht sind. An anderen Orten dieser Welt ist Existenzangst wirklich das, was das Wort umschreibt, und das, was unsere Eltern und Großeltern erfahren haben: die blanke Angst ums Überleben.

»

Existenzangst haben auch Millionäre, denn gegen die Angst hat die Ratio oft kaum eine Chance.

«

In dem Fall, den ich beschreibe, ist die Existenzangst in einem eigentlich sicheren Umfeld eine Facette von erlernter Hilflosigkeit. Meine Erfahrung zeigt, dass, wenn die erlernte Hilflosigkeit sich in Selbstwirksamkeit transformieren lässt, die Existenzangst an ihrer übermäßigen kraft- und raumgreifenden Qualität verliert. Sie lässt sich viel leichter eindämmen, wenn das Wissen und Fühlen der eigenen Kraft, die im eigenen Leben eine Wirkung hat, spürbar wird.

Ein deutlicher Hinweis dafür, dass Existenzangst mit erlernter Hilflosigkeit zu tun hat, ist ihre vollkommene Losgelöstheit von Rationalität. Existenzangst ereilt sowohl den Millionär als auch den Arbeiter am Band, der fest angestellt ist und sein Gehalt erhält. Sie ereilt auch den Selbstständigen, der jeden Tag Kraft aufbringen muss, um Kunden zu gewinnen. Jede dieser Personen hat ihr eigenes Konzept von Bedrohung und ihr eigenes Konzept von Worst-case-Szenarien.

Die gute Nachricht ist, dass es trotz dieser Vielfalt für jede Person einen Ansatz zur Lösung von Existenzangst gibt. Erlernte Hilflosigkeit zu transformieren ist ein Prozess, der nicht schnell geht, aber lohnenswert ist. Er ist so lohnenswert, weil er, wenn es gelingt, gelernte Hilflosigkeit zu transformieren, auch auf andere Ängste eine positive Wirkung hat. Man fühlt sich freier, selbstbestimmter und damit sicherer.

In einer Gesellschaft, in der die Menschen sich in ihrer Selbstwirksamkeit spüren und nicht nur kognitiv wissen, dass sie selbstbestimmt handeln können, werden Phänomene wie Fremdenfeindlichkeit weniger zutage treten. Menschen, die sich nicht hilflos fühlen, benötigen keine Feindbilder mehr, um ihre Angst zu projizieren.

4.3 Der Umgang mit gesellschaftlichen Ausnahmezuständen

Die zentrale Frage ist, wie wir welche Rahmenbedingungen in unserer Gesellschaft setzen können, damit Menschen nicht aus ihrer Angst heraus agieren müssen. Zum einen sollte an die Ursache herangegangen werden, indem alles dafür getan wird, dass Kinder in einem Umfeld aufwachsen, in dem sie keine Ohnmacht und Hilflosigkeit erfahren müssen. Hier muss es mehr Aufklärung und Psychoedukation geben. Für Eltern und die Menschen, die unsere Kinder in Kitas und Schulen betreuen. Es braucht das Wissen über Bindungs- und Entwicklungstrauma und wie diese auf das Nervensystem von Kindern wirken. Auf der anderen Seite müssen Strukturen geschaffen werden, in denen Menschen psychologisch sicher leben und arbeiten können.

Auf Arbeitsebene tragen hier, wie im vorherigen Kapitel aufgezeigt, Unternehmen eine führende Verantwortung. Gesellschaftlich sehe ich die Bildungs- und Gesundheitspolitik sowie die Medien in der Verpflichtung, ihren Teil dazu beizutragen.

Die Kommunikation – auch der Medien – sollte in meinen Augen immer psychologisch sicher gestaltet werden. Äußere Umstände wie Pandemien und Kriege verunsichern die Menschen. Die Art und Weise, wie darüber berichtet wird, kann darauf einzahlen, ob diese Ängste verstärkt werden. Die Politik sollte aber daran interessiert sein, dass sich die Bürger innerhalb ihres Stresstoleranzfensters bewegen und darüber in Verbindung zu sich und ihren Mitmenschen bleiben können. So kann verhindert werden, dass unsichere Umstände dazu führen, dass Menschen in die autonomen Prozesse des Nervensystems fallen, die zu Flucht, Kampf und Immobilität führen.

Wenn das Außen Angst macht, sollte alles dafür getan werden, dass die Menschen gestärkt werden und in Verbindung zueinander bleiben. In dieser Verbindung ist der ventrale Vagus aktiv, der zu einem Gefühl von innerer Sicherheit beiträgt. So kann der Neokortex, in dem unser rationales und bewusstes Denken stattfindet, weiterhin die Führung behalten, auch wenn das Außen unsicher ist.

Aus einem selbstsicheren Zustand heraus kann man anderen Meinungen gegenüber offen bleiben. Eine Spaltung, wie wir es zu Pandemiezeiten erlebt haben, ist weniger wahrscheinlich.

Nur in einem getriggerten Zustand erleben wir einen Kontrollverlust. Es handelt sich dabei aber nur um den Verlust unserer Impulskontrolle, der Verbindung zu unserem präfrontalen Cortex. Das Stammhirn dagegen behält die Kontrolle mithilfe unserer Überlebensreaktionen. Diese können sich in der Interaktion als gegenseitiges Anschreien (Kampf) oder Verstummen (Flucht) zeigen.

In der Pandemie befanden wir uns alle in einer gefühlten Bedrohungssituation. Alle suchten auf ihre Art nach Sicherheit. Die einen fühlten sich hinsichtlich ihrer Gesundheit und ihres Lebens bedroht und die anderen hatten Angst um ihre Freiheiten. Jede der beiden Parteien hatte dabei den Anspruch, in ihrer Angst recht zu haben.

Wenn in der eigenen Angst jemand anderes mit einer anderen Sichtweise daherkommt und uns zu vermitteln versucht, dass nur über diesen Weg Sicherheit entstehen kann, fühlt man sich zusätzlich bedroht. Flucht- und Kampfreaktionen werden aktiviert. Die Konsequenzen dieser Reaktion haben wir in den Nachrichten und Talkshows mitverfolgen können. Wir konnten bei den kontroversen Diskussionen, die in der Pandemie zu der Frage des richtigen Wegs geführt wurden, beobachten, dass diese oft impulsiv und emotional ausgetragen wurden.

Betrachtet man soziale Interaktionen durch die Nervensystembrille, zeigt sich in emotionalen Aussagen, dass das limbische System aktiv ist. Werden Aussagen angreifend und aggressiv getroffen, ist der Agierende im Stammhirn-Modus unterwegs.

Wenn wir Menschen und Dynamiken betrachten oder Dynamiken geschildert bekommen, ist es hilfreich zu schauen, wie viel Stressreaktion in dieser Dynamik steckt und wo sich die Menschen in ihrem Stresstoleranzfenster befinden.

Mit diesem Wissen können wir aus der Distanz Hypothesen bilden und schauen, was es braucht, damit die Menschen wieder in das Gefühl von Sicherheit kommen. Mit dem Gefühl der Sicherheit kann die Verbindung zum präfrontalen Kortex wieder gelingen und der ventrale Vagus kann aktiv sein. Dies ermöglicht den Menschen, sich wieder sachlich – mit emotionalen Färbungen – zu unterhalten, ohne dass sie auf Bedrohungs- und Überlebensreaktionen ausweichen müssen.

Die kollektive Situation der Pandemie mehr durch die Brille der neurobiologischen Stressreaktion zu betrachten, hätte zu weniger Urteilen und weniger Spaltungen geführt.

Der Segen unseres präfrontalen Kortex und unseres damit verbundenen Bewusstseins ist, dass wir in unterschiedlichen Situationen die Klarheit behalten und in Verbindung bleiben können.

4.4 Verbindung als Weg in die Sicherheit

Wenn Menschen Angst haben, ist das beste Gegenmittel, um wieder Sicherheit zu spüren, die Verbindung. Das Gefühl, nicht allein zu sein, beruhigt unser Nervensystem.

Sich mit anderen Menschen zu verbinden, war in der Pandemiezeit jedoch nicht oder nur eingeschränkt möglich. Über diesen Weg konnten wir uns nicht regulieren. Diese Tatsache hat viele Menschen besonders gestresst und verunsichert. Das heißt, zur Angst vor Krankheit kamen noch der Bindungsverlust und bei vielen Menschen ein Gefühl der Einsamkeit dazu.

Dass Verbindung so essenziell und sogar ein bewährtes Gegenmittel gegen Drogensucht ist, zeigte der Psychologieprofessor Bruce Alexander in den Siebzigerjahren des letzten Jahrhunderts. Man ging lange davon aus, dass eine Sucht durch die Suchtmittel entsteht, die man über einen gewissen Zeitraum einnimmt. Also dass Heroinsüchtige durch die Suchtmittel im Heroin süchtig werden. Das aktuelle Verständnis von Abhängigkeit beruht auf einer Reihe von Experimenten, die Anfang des zwanzigsten Jahrhunderts durchgeführt wurden. Der Aufbau der Experimente ist einfach: Eine Ratte wird mit zwei Flaschen in einen Käfig gesteckt. In einer Flasche ist Leitungswasser, die andere wird mit Heroin oder Kokain versetzt. Viele Ratten entwickeln in diesem Experiment eine Sucht nach dem Drogenwasser und trinken es exzessiv, bis sie sich damit umbringen. Aber in den Siebzigerjahren fiel Bruce Alexander etwas an dem Experiment auf. Die Ratten werden einzeln in Käfige gesteckt. Sie haben nichts außer den Drogen. Was würde also passieren, wenn man die Sache anders angehen würde?

Er baute daraufhin einen Rattenpark, der ein wahres Paradies für Ratten war. Die Ratten wohnten in einem liebevoll ausgestatteten Käfig mit bunten Bällen und Tunneln. Sie waren dort mit Freunden zusammen, mit denen sie spielen konnten. Außerdem bekamen sie Drogenwasser und Leitungswasser zur Auswahl.

Sein Ergebnis war verblüffend. Die Ratten zeigten kaum Interesse am Drogenwasser. Keine von ihnen trank es zwanghaft oder starb an einer Überdosis.

Es ist zwar nur ein einzelner Tierversuch, aber es gibt noch einige interessante Studien zum menschlichen Drogenkonsum in Extremsituationen (Hari 2017). Im Vietnamkrieg zum Beispiel konsumierten zwanzig Prozent der amerikanischen Soldaten regelmäßig Heroin. Es wurde befürchtet, dass die USA nach Ende des Krieges von Hunderttausenden Junkies überrannt werden würden. Aber eine Studie, die nach dem Krieg durchgeführt wurde, zeigte, dass die Soldaten weder in Kliniken landeten noch einen Entzug durchmachten. Fünfundneunzig Prozent hörten einfach auf, als sie nach Hause kamen.

»

Mit dem Gefühl,
nicht allein ein Problem
lösen zu müssen,
ist das Problem schon
halb gelöst.

«

Mit dem traditionellen Verständnis von Abhängigkeit allein kann man das nicht erklären. Mit Professor Alexanders Theorie kommt man der Sache jedoch näher: Befindet man sich in Gefahr und muss mit der Angst leben, zu sterben, dann ist Heroin eine verlockende Substanz, um diese Angst nicht spüren zu müssen. Kommt man aber nach Hause zu Familie und Freunden, ist es wie bei den Ratten und ihrer veränderten Umgebung. Es scheinen also nicht nur die Chemikalien eine Rolle zu spielen, sondern auch die Verbindungen, die Lebewesen benötigen.

»Die alten Experimente waren also offenbar fehlerhaft. Nicht die Droge ist schuld am schädlichen Verhalten, sondern die Umgebung. Eine isolierte Ratte wird fast immer zum Junkie. Eine Ratte mit einem guten Leben dagegen so gut wie nie, auch wenn man ihr noch so viele Drogen bereitstellt.«

Johann Haris

Menschen haben ein angeborenes Bedürfnis, enge Beziehungen zu Mitmenschen aufzubauen. Als Baby und Kleinkind hat dies unser Überleben gesichert.

Wenn es uns gut geht, fällt es uns leicht, in Verbindung zu gehen. Geht es uns jedoch schlecht, sind wir zum Beispiel traumatisiert oder isoliert, dann kann es passieren, dass wir eine enge Bindung zu einem Ersatzobjekt aufbauen. Dieses Ersatzprodukt kann für die einen das Handy sein, für andere ist es das Videospiel, Pornografie, Glücksspiel oder eben Kokain. In diesem Fall ist die Abhängigkeit von Ersatzbindungsprodukten ein Symptom der Traumatisierung und Isolation in unserer Gesellschaft. Der Ausweg daraus ist der Aufbau von engen, emotionalen Beziehungen zu anderen Menschen. Was aber tun wir mit Menschen, die drogenabhängig sind? Anstatt sie dabei zu unterstützen, sichere Verbindungen aufbauen zu können, werden sie von der Gesellschaft ausgestoßen. Wir bestrafen sie mit Leistungskürzungen und Gefängnis, wenn sie beim Drogenkonsum erwischt werden. Wir stecken sie in Zellen, also in Käfige, und sorgen dafür, dass Menschen, denen es nicht gut geht, sich noch schlechter fühlen. Wir verachten sie, wenn sie sich nicht bessern.

Wir reden immer nur über die Besserung des Individuums und sehen nicht die Rolle der Gesellschaft in diesem Genesungsprozess, denn wir sind alle verantwortlich. Wir müssen vielmehr das Umfeld der betroffenen Menschen in Betracht ziehen und dürfen keine vorschnellen Urteile fällen. Anstatt Menschen in Schubladen zu stecken, sollten wir ihnen erst einmal zuhören. Der erste Schritt im Kampf gegen die Sucht sollte nicht harte Bestrafung, sondern Empathie sein.

4.5 Die heutige Einsamkeitsepidemie und ihre Wirkung

In den vergangenen Jahrzehnten ist das Gefühl von Einsamkeit für Millionen von Menschen chronisch geworden. In Großbritannien geben sechzig Prozent der Achtzehn- bis Vierunddreißigjährigen an, sich oft einsam zu fühlen (Orr 2014). In den USA fühlen sich sechsundvierzig Prozent der gesamten Bevölkerung regelmäßig allein (Cigna US 2019). Und in Deutschland sieht mehr als die Hälfte der Bevölkerung Einsamkeit als großes Problem (Tagesschau Deutschlandtrend 2018).

Wir leben im Zeitalter der Vernetzung und doch fühlt sich ein riesiger Teil von uns isoliert. Einsam zu sein und allein zu sein ist nicht dasselbe. Man kann allein glücklich und zufrieden sein und sich in Gesellschaft von Freunden einsam und verlassen fühlen (WELT Gesundheit 2010). Einsamkeit ist subjektiv. Wenn du dich einsam fühlst, bist du einsam. Einsamkeit trifft nicht nur Menschen, die sozial wenig kompetent sind. Studien haben gezeigt, dass soziale Fähigkeiten kaum noch Einfluss auf soziale Kontakte haben. Einsamkeit macht vor niemandem halt, Geld, Macht, Schönheit, soziale Kompetenz, all das kann dich nicht vor Einsamkeit schützen.

Einsamkeit wirkt wie das Gefühl von Hunger, bei dem dein Körper dir sagt, dass du etwas essen solltest. Einsamkeit macht dich auf deine sozialen Bedürfnisse aufmerksam. Diese Bedürfnisse sind für dich wichtig, denn sie haben vor Millionen von Jahren das Überleben gesichert. Zusammenarbeit und Vernetzung wurden mit einer höheren Überlebenswahrscheinlichkeit belohnt. Unsere Gehirne wurden immer empfänglicher für die Gedanken und Gefühle unserer Mitmenschen und für soziale Beziehungen. Unser soziales Wesen wurde Teil unserer Natur. Wir lebten in Gruppen von fünfzig bis einhundertfünfzig Menschen – und das meistens unser ganzes Leben lang (Dunbar/Sosis 2018: 106–111). Es war unmöglich, für ausreichend Essen, Sicherheit, Wärme und den Nachwuchs allein zu sorgen. Gemeinschaft bedeutete Überleben, Alleinsein den Tod. Es war also unerlässlich, sich mit den anderen gut zu verstehen. Für unsere Vorfahren war also nicht der Säbelzahntiger die größte Gefahr, sondern nicht in die Gruppe zu passen und verstoßen zu werden. Um das zu vermeiden, erfanden unsere Körper den sozialen Schmerz (Rodriguez 2019). Dieser Schmerz ist die Antwort der Evolution auf Zurückweisung. Ein Frühwarnsystem, das uns von isolierendem Verhalten abhalten sollte. Diejenigen unserer Vorfahren, die sich Zurückweisungen besonders zu Herzen nahmen, passten mit größerer Wahrscheinlichkeit ihr Verhalten an und wurden nicht von der Gruppe verstoßen, während andere ausgestoßen wurden und starben. Deshalb sind Zurückweisungen und vor allem Einsamkeit so schmerzhaft. Dieser Mechanismus hat für den größten Teil unserer Geschichte sehr gut funktioniert. Bis die Menschen sich eine ganz neue Welt aufgebaut haben.

Die heutige Einsamkeitsepidemie nahm schon in der Renaissance ihren Anfang (Schiller 2006). Die westliche Kultur rückte das Individuum in den Mittelpunkt. Intellektuelle wandten sich vom Kollektivismus des Mittelalters ab. Die noch junge protestantische Theologie predigte die Verantwortlichkeit des Einzelnen. Die industrielle Revolution beschleunigte diesen Trend. Die Menschen verließen ihre Dörfer und Felder, um in Fabriken zu arbeiten. Städte wuchsen und mit der Industrialisierung beschleunigten sich diese Prozesse immer weiter.

Heute ziehen wir für Jobs, die Liebe oder die Ausbildung an weit entfernte Orte und lassen unsere sozialen Kontakte zurück. Wir treffen uns mit weniger Menschen und auch seltener als früher.

Chronische Einsamkeit entsteht meistens schleichend. Man wird erwachsen und hat neben Arbeit, Uni, Beziehung, Kindern und Fernsehen keine Zeit mehr für etwas anderes. Der effektivste Weg, dabei Zeit zu sparen, ist, Verabredungen abzusagen. Das geht so lange, bis man eines Tages aufwacht und sich isoliert fühlt. Plötzlich sehnt man sich nach engen Verbindungen. Aber als Erwachsener ist es schwieriger, Beziehungen aufzubauen. Dann kann Einsamkeit chronisch werden. Wir denken, wir seien mit unseren iPhones und mit künstlicher Intelligenz so weit gekommen, aber unser Körper und unser Geist haben sich seit fünfzigtausend Jahren kaum verändert. Wir sind biologisch immer noch auf Verbindung gepolt.

Groß angelegte Studien haben gezeigt, dass Stress, verursacht durch chronische Einsamkeit, zu den ungesündesten Dingen überhaupt gehört (Petitte et al 2015: 113–132). Dieser Stress lässt uns schneller altern, Krebs tödlicher werden, Alzheimer schneller fortschreiten und macht unser Immunsystem schwächer (Cacioppo 2014: 3). Einsamkeit ist statistisch gesehen tödlicher als Übergewicht (Victor/Bowling 2012: 313–331) und genauso tödlich wie eine Schachtel Zigaretten am Tag (Spiegel Wissenschaft 2010).

Und das Gefährlichste daran ist: Ist die Einsamkeit erst einmal chronisch, kann es zu einem Teufelskreis kommen.

Physischer und emotionaler Schmerz wirken auf ähnliche Weise, denn beide weisen uns auf Bedrohungen hin. Deshalb löst sozialer Schmerz auch sofort Verteidigungsverhalten aus. Einsamkeit aktiviert in unserem Gehirn den Selbstverteidigungsmodus. Plötzlich sieht man in allem eine potenzielle Gefahr. Aber damit nicht genug. Studien zufolge ist unser Gehirn viel empfänglicher für soziale Signale, wenn wir einsam sind (Vanhalst et al. 2015). Gleichzeitig werden wir schlechter darin, sie richtig zu interpretieren – dafür müsste der ventrale Vagus aktiv sein, der dafür aber ein Gefühl von Verbundenheit und Gesehenwerden braucht. Das heißt, wir nehmen andere stärker wahr, es fällt uns aber schwerer, sie zu verstehen.

Der Teil unseres Gehirns, der für Gesichtserkennung zuständig ist, gerät aus dem Gleichgewicht und neigt dazu, neutrale Gesichter als feindselig zu interpretieren (Yoon/Zinbarg 2008: 680–685). Wir werden misstrauisch. In der Einsamkeit denken wir, dass die ganze Welt uns etwas Böses will. Diese Wahrnehmung kann dazu führen, dass wir ichbezogener werden, um uns selbst zu schützen. Auf andere wirken wir dann kälter, unfreundlicher und sozial inkompetenter, als wir es tatsächlich sind.

Wenn Einsamkeit dein Leben bestimmt, kannst du als Erstes versuchen, den Teufelskreis zu erkennen, der dich vielleicht gefangen hält. Meistens sieht der so aus: Ein anfängliches Gefühl der Isolation führt zu Anspannung und Traurigkeit, wodurch deine Wahrnehmung sich auf negative Interaktionen mit anderen fokussiert. Du interpretierst das Verhalten deiner Mitmenschen so, als würden sie nichts mit dir zu tun haben wollen. Dadurch wird deine Meinung von dir selbst und anderen schlechter. Dann ändert sich dein Verhalten und du fängst an, soziale Interaktionen zu meiden. Das fördert wiederum die Isolationsgefühle. Es wird mit jedem Mal schwerer, diesen Kreislauf zu durchbrechen. Einsamkeit führt dazu, dass du dich von anderen wegsetzt, dass du Anrufe von Freunden nicht beantwortest und Einladungen ausschlägst, bis sie ausbleiben. Social Media wird zum Ersatz echter menschlicher Interaktion. Facebook, Instagram und TikTok als Droge, die unabhängig vom Alter konsumiert werden kann, weil es keine Altersverifikation gibt.

Jeder von uns hat ein Bild von sich selbst. Wenn du dich selbst als einen Menschen siehst, mit dem man nicht gerne zusammen Zeit verbringt, weil du von dir selber denkst, dass du zum Beispiel nicht interessant genug bist, dann nehmen auch andere das wahr. Du verhältst dich entsprechend deines Selbstbilds und schließlich wird die echte Welt so, wie du dich im Inneren fühlst.

Der erste Schritt, den du tun kannst, ist, zu akzeptieren, dass dieses Gefühl da ist und dich in erster Linie nur schützen möchte. Es ist nichts, wofür du dich schämen musst. Du kannst dieses Gefühl nicht loswerden oder ignorieren, aber du kannst es annehmen und an seinen Ursachen arbeiten.

Du kannst dir bewusst machen, was dich bedrückt, und herausfinden, ob du die Sache vielleicht zu negativ interpretierst. War dein Zusammentreffen mit deinem Kollegen wirklich so negativ oder war es vielleicht nur neutral oder sogar positiv? Was ist wirklich bei eurer Interaktion passiert? Hat dein Gegenüber wirklich etwas Negatives gesagt oder hast du es nur so ausgelegt? Vielleicht war die andere Person nur im Stress und wollte gar nicht abweisend sein.

Wie ist es mit deiner Meinung von der Welt? Gehst du davon aus, dass andere grundsätzlich schlechte Absichten haben? Weißt du zu Beginn einer sozialen Interaktion immer schon, wie es ausgeht? Denkst du, dass andere dich nicht dabeihaben wollen? Vermeidest du es, dich anderen zu öffnen, aus Angst davor, verletzt zu werden?

Wenn wir uns bewusst sind, dass wir als Menschen auf tiefste Verbundenheit ausgerichtet sind und unser größter Schmerz in der Trennung liegt, dann ist klar, dass die Trennung für uns etwas sehr Bedrohliches ist und wir Verbindung benötigen, um uns in dieser Welt sicher und aufgehoben zu fühlen.

Aber warum gibt es dann so viel Ungebundenheit in unserer Gesellschaft – abgesehen von den strukturellen Gründen, die ich weiter oben aufgezeigt habe? Dafür schauen wir uns noch einmal das natürliche menschliche Verhalten unter Gefahr an: In dem Moment, in dem wir uns bedroht fühlen, ist unsere Reaktion zuallererst, in die Verbindung zu gehen. Wir sind Herdentiere und versuchen uns an anderen zu orientieren, wenn wir gestresst sind. Es gibt aber die Fähigkeit bei uns Menschen, dass wir uns der Umgebung anpassen, in der wir leben. Wir entwickeln dazu Strategien, um mit dem, was ist, besser klarzukommen.

Wenn wir also die Erfahrung gemacht haben, dass uns die Bindungssuche in Not nicht gutgetan hat, dann kann sich daraus die Strategie entwickeln, dass wir uns unter Not abwenden, anstatt nach Hilfe zu suchen.

Emotionale Vernachlässigung in der Kindheit ist häufig der Grund für die chronische Einsamkeit im Erwachsenenalter. Unter emotionaler Vernachlässigung versteht man das Gefühl, als Kind nicht gesehen zu werden oder mit seinen Bedürfnissen oder der eigenen Not nicht wahrgenommen zu werden. Es ist ein Gefühl von Ablehnung in Situationen, die sehr emotional sind, oder die Erfahrung, mit dem eigenen Schmerz nicht ernst genommen zu werden.

Wenn die Bindungspersonen emotional nicht verfügbar waren, erlebten wir Einsamkeit. Es war ein Gefühl von Trennung, ein Gefühl von Unverbundenheit zur primären Bezugsperson. Dieses Gefühl ist für ein Kind höchst bedrohlich und sehr schmerzhaft. Der Begriff, mutterseelenallein zu sein, kommt nicht von ungefähr und beschreibt sehr passend das tiefe Empfinden von Einsamkeit. Das Gefühl der Einsamkeit bleibt immer bestehen, sobald wir in einem gestressten und dysreguliertem Zustand nicht aufgefangen werden. Die Angst vor Ablehnung kann dazu führen, dass man Angst hat, sich zu zeigen. Das macht einsam – privat wie auch beruflich.

Egal, ob wir Einsamkeit als rein subjektives Problem betrachten, das nur das Wohlbefinden von einzelnen Personen betrifft, oder als Bedrohung für die Volksgesundheit: Wir müssen diesem Thema mehr Aufmerksamkeit schenken.

Wir Menschen haben uns eine grandiose neue Welt aufgebaut und trotzdem können die Dinge, die wir uns erschaffen haben, nicht unser grundlegendes biologisches Bedürfnis nach Nähe ersetzen. Das, was wir benötigen, bekommen wir voneinander. Daher sollte unser Fokus darauf liegen, dass Menschen ihrem natürlichen Bedürfnis nach echter Verbundenheit nachkommen können. Bei allem, was die Digitalisierung an Positivem mit sich bringt, sollten wir ein Auge darauf halten, dass sie uns von unserer Natur nicht abhält.

4.6 Psychologische Sicherheit beginnt mit dem Start ins Leben

Um als Erwachsener ein mit sich selbst und anderen verbundener Mensch sein zu können, benötigen wir primär in unserer Kindheit das Gefühl von psychologischer Sicherheit und Verbundenheit. Ansonsten wird es uns später schwerfallen, der Mensch zu sein, der wir eigentlich sind.

Menschen, die in ihrer Kindheit Ohnmacht und Hilflosigkeit erfahren haben, werden im Erwachsenendasein diese Unsicherheit auch spüren. Die Ursache für ihre Ängste und Unsicherheiten liegen in ihrer Vergangenheit, die Symptome zeigen sich jedoch in der Gegenwart. Existenzangst, Selbstzweifel, Angst vor neuen Aufgaben oder vor Veränderungen sind nur ein kleiner Auszug der Folgesymptomatik.

Das Fatale daran ist, dass viele Menschen diese Symptome als normal annehmen, weil sie andere Menschen sehen, denen es auch so geht. Hinzu kommt, dass den wenigsten der Zusammenhang zwischen Ursache und Symptom bewusst und damit nicht oder nur schwer auflösbar ist.

Für eine psychologisch sichere Gesellschaft braucht es selbstsichere Menschen – primär, wenn sie Menschen führen oder Kinder aufziehen oder betreuen. Daher sollte an die Ursache gegangen und dafür gesorgt werden, dass Kinder in einer angstfreien Umgebung aufwachsen können.

Das geht über zwei Wege:

1. Wissensvermittlung über die Hintergründe von psychologischer Sicherheit und was das Fehlen derselben in der Kindheit für Folgen hat. Dieses Wissen benötigen insbesondere die Menschen, die Kinder aufziehen und betreuen.
2. Es braucht Strukturen, in denen die Menschen, die Kinder aufziehen und betreuen, sich psychologisch sicher fühlen. Das heißt, dass sie in einem Zustand eines regulierten Nervensystems leben und arbeiten können.

4.6.1 Psychologische Sicherheit beginnt schon im Mutterleib

Wenn von Bildung gesprochen wird, denken die meisten an Schule, Ausbildung und Studium. Ich möchte den Begriff ausweiten. In meinen Augen beginnt das Thema Bildung ab dem Tag, an dem ein Mensch auf die Welt kommt. Ich meine damit keine kognitive Wissensvermittlung. Das wäre, wie du nun weißt, in den ersten Lebensjahren von der Gehirnentwicklung her schon nicht möglich.

In dieser Phase des Lebens geht es viel um ein Lernen über Erfahrungen, die Babys machen. Erfahrungen, in denen sie das Gefühl von Sicherheit über verlässliche Bindung erhalten. Damit sie als erwachsene Personen ein weites Stresstoleranzfenster haben und somit ein grundsätzliches Vertrauen in das Leben und sich selbst. Denn das ist Grundlage dafür, dass sie gesunde erwachsene Menschen werden, die ihr Potenzial leben können.

Damit Babys und Kleinkinder diese Erfahrungen machen können, brauchen sie Bindungspersonen, die sich bewusst darüber sind, wie wichtig eine sichere Bindung für den weiteren Verlauf im Leben ist. Aber nicht nur das Wissen darum ist wichtig, viel entscheidender ist, dass Eltern selbst Menschen sind, die in Beziehung gehen und gerade auch in herausfordernden Situationen in der Verbindung zu ihren Kindern bleiben können.

Einige Eltern handeln intuitiv so, dass sie ihren Kindern eine verlässliche Bezugsperson sind. Ein großer Teil unserer Gesellschaft hatte aber selbst in der Kindheit ambivalente Bezugspersonen und hat daher im Hier und Jetzt Schwierigkeiten, liebevolle und tiefe Beziehungen leben zu können. Es wird unbewusst weitergegeben, was man selbst erlebt hat.

Häufig wird in dem Kontext von Vernachlässigung nur auf den Teil in unserer Gesellschaft geschaut, den man bildungsfern oder sozial schwach nennt. Aber gerade in der Bildungsschicht und in den akademischen Berufen gibt es viele Eltern, die noch sehr stark mit sich selbst beschäftigt sind, denen ihre berufliche Karriere ungeheuer wichtig ist, die sich selbst verwirklichen, viel erleben und das Leben genießen wollen. Sie kümmern sich intensiv um ihr Aussehen, ihre Hobbys, ihre Wohnungseinrichtung und um die Anschaffung und Zurschaustellung unterschiedlicher Statussymbole. Allerdings sind Kinder solch selbstbezogener Eltern bei der Verwirklichung ihrer individuellen Ziele eher hinderlich, und sie werden ihnen mit ihrem Bedürfnis nach Aufmerksamkeit, Geborgenheit und Zuwendung leicht lästig. Meist tun diese Eltern ihre Pflicht, jedenfalls das, was sie für ihre Pflicht halten, und das meistens sogar besonders gut. Sie sorgen für eine besonders ausgewogene Ernährung, für Sauberkeit und hygienische Verhältnisse, ansprechende, modische Kleidung und beschaffen sich alle möglichen Gerätschaften, von denen sie glauben, sie seien wichtig für ihr Kind. Sie beruhigen ihr (schlechtes) Gewissen, indem sie das Kind nach Kräften verwöhnen. Was ihr Kind aber wirklich braucht, sind Eltern, die ganz und gar da sind und sich ihm emotional, geistig und körperlich zuwenden, wenn es verunsichert ist und Angst hat. Aber genau das schenken diese Eltern ihren Kinder nicht oder zumindest nicht dann, wenn diese es besonders dringend brauchen.

Kinder, die materiell alles bekommen, denen aber emotionale und psychologische Sicherheit vorenthalten bleibt, sind oft bereits sehr früh gezwungen, Strategien zu entwickeln, um mit dieser Unsicherheit klarzukommen.

Meist handelt es sich dabei um sehr rigide, einseitige, pseudoautonome Strategien der Angstbewältigung (Gebauer/Hüther 2004). Aufgrund der Neuroplastizität unseres Gehirns werden die dabei aktivierten neuronalen Verschaltungen umso nachhaltiger gebahnt, je früher und je häufiger sie eingesetzt werden. Sie können das gesamte Fühlen, Denken und Handeln bestimmen. Nicht nur im Kindesalter, auch später als erwachsene Personen.

Menschen, die bereits als Kinder keine sicheren Bindungen ausbilden konnten, haben Angst vor körperlicher und emotionaler Nähe. Ihnen fällt es schwer, anderen Menschen zu vertrauen. Ihr Verhalten ist das Ergebnis ihrer Strategien, sich zu schützen. Wenn es ihnen nicht gelingt, die Angst vor Nähe und Beziehung zu überwinden, ist die Wahrscheinlichkeit hoch, dass sie in ihrem Leben isoliert, ichbezogen und bindungsunfähig bleiben (Grossmann 2012).

Um den Teufelskreis zu durchbrechen, sodass Eltern ihre eigene Erfahrung von unsicherer Bindung nicht an ihre Kinder weitergeben, ist es unabdingbar, dass das Wissen darum für alle Menschen zugänglich ist und sie darin unterstützt werden, ihre eigenen Erfahrungen aufzuarbeiten. Denn nur sicher gebundene Menschen können als Erwachsene die Geborgenheit an ihre Kinder weitergeben und als Erwachsene tiefe Verbindung leben. Da Verbindung die Basis für psychologische Sicherheit ist, ist das die Grundlage dafür, dass eine psychologisch sichere Gesellschaft entstehen kann.

Dieser Prozess kann über zwei Wege gegangen werden: Zum einen sollte die Psychoedukation zum Thema der psychologischen Sicherheit und der Bindungstheorie Bestandteil von Lehrplänen werden. Das schafft bei Kindern und Jugendlichen schon früh Bewusstsein für das Thema. Einerseits zur Reflexion des Bindungsstils ihrer Bezugspersonen – und daraus abgeleitet die Erkenntnis, dass mit ihnen selbst alles in Ordnung ist und sie okay sind – und andererseits zur Reflexion des eigenen Gefühls, was Nähe und Verbindung angeht.

Zudem fördert das Hintergrundwissen zu den Themen das Verständnis für das Verhalten unserer Mitmenschen. Wir urteilen weniger schnell, weil wir wissen, dass es Gründe für die Gefühle und das Verhalten der anderen gibt.

Zum anderen sollte seitens der Politik und der Medien dem Thema mehr Aufmerksamkeit in der Öffentlichkeit geschenkt und parallel werdenden Eltern Angebote noch während der Schwangerschaft gemacht werden. Sie sollten erfahren, wie wichtig es für Babys und Kinder ist, nicht nur gewärmt, genährt und sauber gehalten zu werden. Sondern dass Kinder die Erfahrung machen müssen, eine verlässliche Bindungsperson zu haben, die ihnen bei jeglichem aufkommenden Gefühl beiseitesteht und ihnen zeigt, dass es möglich ist – und später auch, *wie* es möglich ist –, Ängste zu überwinden.

Es gibt bereits einige Angebote für Eltern. Die Stadt Köln beispielsweise unterstützt mit ihren Elternbriefen die Erziehungsberechtigten ab dem Zeitpunkt, an dem das Baby auf der Welt ist. In diesen Briefen werden die Entwicklungsschritte von Kindern beschrieben und mögliche Konflikte im Erziehungsalltag geschildert. Es werden keine Patentrezepte geboten, sondern die Briefe sollen dazu anregen, eigene Lösungen für die individuellen Probleme zu finden.

Das kognitive Verstehen allein reicht aber nicht, damit Eltern sichere Bindungspersonen sein können. Oft sind Eltern selbst überfordert und unsicher. Das Kind ist häufig nicht die Ursache für die Überforderung und Unsicherheit der Eltern. Es verstärkt nur den empfundenen Stress und ist der Tropfen, der das Fass zum Überlaufen bringt. Das heißt, hier benötigen die Eltern im ersten Schritt Unterstützung, um wieder in ihre eigene Sicherheit und Handlungsfähigkeit zu kommen.

Die Werkzeuge dafür sollte man ihnen schon vor Geburt ihres Kindes an die Hand geben und sie damit arbeiten lassen. Frauenärzte oder Hebammen könnten diese Aufgabe übernehmen oder von Experten übernehmen lassen, die vor Ort und jederzeit ansprechbar sind. Das Angebot sollte kostenlos und jedem frei zugänglich sein. Es ist eine Investition in die Zukunft dieser ungeborenen Babys und etwas, von dem wir als Gesellschaft profitieren werden.

Zudem werden dieses Wissen und die erlernten Methoden einen positiven Effekt auf das Nervensystem der Eltern und ihren Zustand haben. Davon profitiert auch das Baby im Bauch der Mutter. Denn bei dauerhaftem Stress können Stresshormone wie Cortisol die Plazenta-Schranke passieren und möglicherweise in Verbindung mit anderen Faktoren die Entwicklung des kindlichen Gehirns negativ beeinflussen.

Untersuchungen konnten beispielsweise zeigen, dass Kinder von übermäßig gestressten Müttern ein schwierigeres Temperament entwickeln können (Haselbeck 2012: 13): Der Säugling reagiert auf neue Reize mit mehr Unbehagen und lässt sich schwerer beruhigen. Chronischer Stress im Verlauf der Schwangerschaft kann zudem Auswirkungen auf die Entwicklung kognitiver, emotionaler und sozialer Fähigkeiten beim Baby haben und das Risiko für psychische Erkrankungen des Kindes, wie Angststörungen oder auch Depressionen, erhöhen.

Psychologische Sicherheit entwickelt sich demnach schon pränatal. Die Erfahrungen der ersten Lebensjahre, gerade in Bezug auf unsere Bindungspersonen, haben danach ebenfalls einen großen Einfluss darauf.

Hier braucht es mehr Angebote für werdende Eltern. Zum einen, um ihnen die Wichtigkeit des Themas bewusst zu machen, und zum anderen, um sie zu unterstützen, in ihre eigene Sicherheit zu kommen. Denn so wie in Unternehmen Teams sichere Führungskräfte benötigen, um sich zu entwickeln, so brauchen Kinder sichere Eltern, um sich zu gesunden erwachsenen Menschen entwickeln zu können.

4.6.2 Psychologische Sicherheit in Kindertagesstätten

Mit einem Jahr, spätestens mit drei Jahren kommen die meisten Kinder in die außerelterliche Betreuung. Zur Tagesmutter oder in den Kindergarten.

In einer Prognose der Bertelsmann Stiftung fehlen jedoch im Jahr 2023 384 000 Kitaplätze in Deutschland (Tagesschau 2022). Um den Betreuungsbedarf zu erfüllen, müssten zusätzlich zum vorhandenen Personal weitere achtundneunzigtausendsechshundert Fachkräfte eingestellt werden. Personal, das jetzt schon nicht da ist.

Das Fatale an dieser Situation ist aber nicht nur, dass so viele Kinder keinen Kitaplatz erhalten, sondern auch die Folgen, die der Personalmangel auf den bestehenden Alltag in einer Kita hat. Immer mehr Erzieher in Deutschland arbeiten an der Belastungsgrenze und sind am Ende ihrer Kräfte (Tagesschau 2023).

Dass ein Personalmangel den rein operativen Betrieb einer Kita negativ beeinflusst, liegt auf der Hand. Das Bewusstsein dafür, dass Erzieher dadurch dauerhaft außerhalb ihres Stresstoleranzfensters arbeiten, ist in meiner Beobachtung allerdings nicht vorhanden oder es wird seitens der Politik weggeschaut.

Letzteres scheint wahrscheinlicher, denn das Bundesministerium für Gesundheit beschreibt auf einer Website, deren Inhalte das Ministerium verantwortet, sehr treffend, was für negative Folgen Stress auf Körper und Psyche hat (Stress: Auswirkungen auf Körper und Psyche 2022).

Menschen, deren Nervensystem dauerhaft in der Übererregung ist, können sich psychisch nicht sicher fühlen und sind in vielen Alltagssituationen überfordert. Deshalb ist dem betreuenden Personal unserer Kinder kein Vorwurf zu machen, wenn ihre Impulskontrolle einmal nachgibt und sie daraufhin beispielsweise herumbrüllen. Sie können nicht anders, auch wenn sie erwachsen sind und man ihnen vorwerfen möchte, dass sie sich doch unter Kontrolle haben sollten. Es geht schlicht nicht, das Nervensystem lässt es ab einem bestimmten Punkt nicht mehr zu – jeder Elternteil weiß aus eigener Erfahrung, dass es diese roten Linien gibt. Im Fall der Erzieher ist es eine Konsequenz der Bedingungen, unter denen sie arbeiten.

Vor diesem Hintergrund verwundert es auch nicht, dass in Kitas immer noch zu Maßnahmen wie dem stillen Stuhl gegriffen wird, um Kleinkinder in den Griff zu bekommen, wenn sie sich beispielsweise streiten und körperlich werden. Doch dort, wo es im kindlichen Streit aufgrund von in dem Alter noch fehlender Impulskontrolle zu Hauen und Kratzen kommt, braucht es weniger eine Bestrafung in Form des stillen Stuhls. Es bräuchte vielmehr eine Hinwendung und ein In-Beziehung-Gehen mit den beiden Streithähnen. Dafür wird aber Zeit benötigt, die die Erzieher oft nicht haben. Das heißt, neben den gesundheitlichen Folgen für die Mitarbeiter haben der Personalmangel und der damit verbundene Stress auch Auswirkungen auf die betreuten Kinder. Menschen, die in Systemen arbeiten, die zur Überforderung führen und in denen psychologische Unsicherheit an der Tagesordnung ist, können unseren Kindern keine sicheren Begleiter sein.

Aber noch mal, um an dieser Stelle nicht missverstanden zu werden: Es ist das System, das geändert werden muss. Den Erziehern darf meistens kein Vorwurf gemacht werden. Natürlich gibt es auch Ausnahmen, bei denen Erzieher zu weit gehen und wissentlich Kindern seelische und körperliche Gewalt antun. Da es derzeit aber nicht nur einen Personalmangel bei den Erziehern gibt, sondern auch Kita-Aufsichtsbehörden überlastet sind, wird der seelischen und körperlichen Gewalt an Kindern in Kitas nicht so nachgegangen, wie es erforderlich wäre (Tagesschau »Gewalt in Kitas – Wenn kleine Kinder Zeugen sind« 2023).

Der Verband Bildung und Erziehung (VBE) hat recht, wenn er sagt, dass bei der Lösung des Personalmangels in den Kitas vor allem der Bund in der Pflicht ist. Es muss als nationale Aufgabe verstanden werden, das Kitasystem zu finanzieren und zu unterstützen. Tomi Neckov, der stellvertretende Bundesvorsitzende des Verbandes, fordert: »Die frühkindliche Bildung braucht, hier gibt es keine zwei Lesarten, massive Investitionen – jetzt und dauerhaft« (Tagesschau »Es geht nicht mehr« 2023).

Auch wenn der Satz abgedroschen klingt, so liegt in ihm doch ganz viel Wahrheit: »Die Investition in unsere Kinder ist eine Investition in unsere Zukunft.«

Wie sollen Kinder, die schon von klein auf Stress und Überforderung in ihrem Umfeld dauerhaft miterleben, selbst zu sicheren erwachsenen Menschen heranreifen?

Jedoch genau das braucht unsere Gesellschaft, um mit den Herausforderungen unserer Zeit umgehen zu können. Wir benötigen erwachsene Menschen, die sich innerhalb ihres Stresstoleranzfensters bewegen, damit sie bewusst aus ihrem präfrontalen Neokortex heraus agieren können und nicht von autonomen Stressreaktionen gelenkt werden.

4.6.3 Psychologische Sicherheit in der Schule

Psychologische Sicherheit ist der Zustand eines Menschen, in dem er keine Angst hat und nicht gestresst ist. Aus diesem Zustand heraus kommt er an sein Potenzial und kann sein wahres Sein zeigen. In einem solchen Zustand funktioniert auch das Lernen am besten (Drimalla 2018).

Wenn man mit diesem Blick auf unser Schulsystem schaut, muss man feststellen, dass Schule kein Ort ist, an dem psychologische Sicherheit für auch nur einen der Beteiligten gegeben ist.

In Deutschland wird fast jeder dritte Schüler gemobbt (Liebsch 2019). Dabei bleibt es nicht nur bei Beleidigungen, auch körperliche Gewalt steht auf der Tagesordnung.

Lehrer sind oftmals überlastet und das nicht erst seit der Corona-Pandemie (Blossfeld et al. 2014). Lehrkräfte leiden mehr als viele andere Berufsgruppen unter psychischen Erkrankungen und Erschöpfung bis hin zum Burn-out. Die öffentliche Wahrnehmung des Lehrerberufs ist aber häufig eine andere. Der Unterricht findet in der Schule, die Vor- und Nachbereitung des Unterrichts, die Korrekturen von Arbeiten oder die Kontakte zu den Eltern finden meist zu Hause statt. Der geteilte Arbeitsplatz bedingt, dass der Lehrerberuf von vielen als Halbtagsjob gesehen wird.

Dabei bringt die Tätigkeit an sich hohe Herausforderungen mit sich. Lehrkräfte sind in ständiger Interaktion. Während sie der Unterrichtsgestaltung nachkommen, müssen sie gleichzeitig mit den Bedürfnissen in der Klasse umgehen und darauf achten, alle Schüler mitzunehmen. Das Gelingen des Unterrichts setzt eine hohe Kooperationsbereitschaft der Schülerinnen und Schüler voraus. Gelingt die notwendige Kooperation im Unterricht nicht, kommt ein weiterer Stressfaktor dazu: der hohe Lärmpegel, der oft eine Folge von Unruhe in der Klasse ist (Anders 2020).

Früher ist man dem Herr geworden, indem man mit Bestrafung und Drohung gearbeitet hat. Schule war ein Ort, an dem Zucht und Ordnung herrschten. Es wurde dem Lehrer gehorcht. Diese Schüler wurden dann in Unternehmen entlassen, in denen solche Mitarbeiter gebraucht wurden: Mitarbeitende, die gehorchen und ausführen, was man ihnen sagt und ihnen vorlegt.

Heutzutage fordern Unternehmen allerdings andere Qualitäten von ihren Mitarbeitenden. Sie sollen kreativ sein, selbstständig denken und bereit sein, Verantwortung zu übernehmen. Im besten Fall fördern die zehn bis dreizehn Schuljahre ein solches Verhalten. Damit das gelingt, braucht es aber andere Rahmenbedingungen, damit Schule dieser Anforderung gerecht werden kann und wissbegierige, selbstständige junge Erwachsene in das Arbeitsleben entlässt.

Vor allem werden dafür zum einen Lehrer gebraucht, die bereit sind, einen Unterricht auf Augenhöhe zu gestalten, und zum anderen die Voraussetzungen, um überhaupt einen solchen Unterricht durchführen zu können.

Für Kooperationsbereitschaft braucht es Beziehung, also den Aufbau von Verbindung. Diese menschliche Verbindung zahlt auf das Gefühl von Sicherheit ein. Die dadurch gewonnene Sicherheit zahlt sich auf verschiedene Bereiche aus. Wenn ein Schüler ein gutes Verhältnis zu seinem Lehrer hat und weiß, dass dieser es grundsätzlich gut mit ihm meint, wird er viel eher kooperieren und bereit sein, dem Unterricht zu folgen. Zudem würde er sich dieser Lehrkraft auch eher mit seinen Problemen anvertrauen.

Die Forschung bestätigt das. Kinder benötigen, um sich gut zu entwickeln und gut zu lernen, nicht in erster Linie Disziplin, sondern vor allem gute Beziehungen zu Eltern und Lehrern, denn gerade Kinder sind Beziehungstiere (Bauer 2008). Angst und Stress sind hingegen Bildungskiller. Forscher haben neurobiologische Zentren für Motivation und Zielstrebigkeit entdeckt und dabei herausgefunden: Lebensfreude und Erfolgsstreben werden durch die Botenstoffe Dopamin, Oxytocin und Opioide gesteuert. Diese werden verstärkt oder vermindert ausgestoßen, je nachdem wie viel Interesse, Aufmerksamkeit, Anerkennung und persönliche Wertschätzung einem Menschen entgegengebracht wird – besonders einem Kind.

Das ist die biologische Basis, auf der Handlungskonzepte für Schule entwickelt werden sollten. Nicht restriktive Gebote fördern die Leistungsbereitschaft der Schüler. Vielmehr müssen Unterrichtsbedingungen geschaffen werden, die jedem ein ausreichendes Maß an Ansprache und aufbauendem Feedback sichern. Es sollte darum gehen, die Qualität der Beziehungsgestaltung positiv zu beeinflussen.

Zusätzlich sollte ein weiteres Phänomen im Unterrichtsalltag berücksichtigt werden: die Spiegelneurone (»Mirror Neuron System«, MNS). Sie ermöglichen unter anderem, sich in einen anderen Menschen hineinzuversetzen und Empathie aufzubringen. Sie führen auch dazu, dass ein Kind die ausgesprochene oder stillschweigende Erwartung von Eltern oder Lehrern verinnerlicht – genauer: sich diese Erwartung in Form von neuronalen Netzwerken in seinem Gehirn einnistet. Deshalb sollten Lehrer in der Kommunikation mit dem Kind auch immer dessen Potenziale und Entwicklungsmöglichkeiten aufzeigen. So kann es eine positive Vision seiner selbst und – getreu dem Kreislauf des Selbstbilds – die Kraft einer sich selbst erfüllenden Prophezeiung entwickeln.

All das erfordert, dass ein Lehrer individuell auf jedes einzelne Kind eingehen kann. Aber wie soll das gelingen in einer Klasse mit dreißig Schülern und einer Lehrperson, die neben dem Unterricht auch noch zusätzliche Aufgaben und Ämter übernehmen soll? Und wie soll das einer Lehrkraft gelingen, die selbst überlastet ist und sich nicht innerhalb ihres Stresstoleranzfensters befindet?

Dabei zeigt die Forschung zur Lehrergesundheit, dass der höchste Belastungsfaktor, also der Umgang mit Schülern, zugleich auch die stärkste Ressource für Lehrkräfte ist. Wenn der Umgang gut funktioniert, dann ergibt sich daraus auch der größte positive Rückhalt für die Lehrergesundheit. Ebenso verhält es sich mit dem zweiten Stressfaktor, der Zusammenarbeit im Kollegium: Wenn die Zusammenarbeit mit den Kolleginnen und Kollegen sowie mit der Schulleitung gut läuft, stärkt auch das die Lehrergesundheit.

Im Bildungswesen psychologische Sicherheit über Verbindung herzustellen, zahlt sich demnach für alle aus: für Lehrer und Kinder und damit am Ende auch für uns als Gesellschaft.

Um Gerald Hüther zu zitieren: »Wird das Leben als erkenntnisgewinnender Prozess verstanden, so ist jeder Mensch ein lebenslang Lernender. Und geht es beim Lernen, wie die Hirnforscher inzwischen belegen können, um die Verankerung von individuell gemachten Beziehungserfahrungen in Form struktureller Beziehungsmuster auf der Ebene neuronaler Netzwerke, dann ist jeder Lernprozess Ausdruck und Resultat einer von einem Menschen gemachten Beziehungserfahrung.«

Die Freude am Lernen ist also abhängig von den erlebten Lernsituationen und der dabei wahrgenommenen Zufriedenheit. Diese wiederum werden beeinflusst von der Qualität der sozialen Beziehungen im Lernumfeld. Wenn Lern- und Bildungsprozesse Beziehungen anbieten und befördern, bekommen Schüler während ihrer Schulzeit viel mehr mitgegeben als bloße Wissensvermittlung. Sie lernen, in Verbindung zu gehen, und können allein darüber zu selbstsicheren Menschen werden.

Anzustreben ist somit eine Situation, in der die Schüler sich in der Verbindung zu ihrem Lehrer und ihren Mitschülern sicher fühlen. Im besten Fall macht es ihnen Spaß zu lernen und sie gehen in ihrer Tätigkeit auf, obwohl es für sie kognitiv anspruchsvoll und anstrengend ist.

Um das Thema »Beziehungsaufbau und Verbindung« wird man nicht herumkommen, wenn man Schule als psychologisch sicheren Ort kreieren möchte, an den die Schüler gerne kommen.

Hinzu kommt, dass Lernen zwei verschiedene Wirkungsmechanismen aufweist. Es ist ein subjektiver Vorgang, der von außen nur bedingt steuerbar ist. Lernen im Sinne eines Herbeiführens von Veränderung ist nur von innen heraus durch Reflexion und Einsicht lenkbar (Arnold/Pachmer 2013). Diese Perspektive muss aber dahingehend relativiert werden, dass trotz dessen der äußere Rahmen und die Art des Umgangs mit der Person Einfluss auf Reflexionsprozesse haben.

Die Veränderung der Lernkultur in Richtung einer stärkeren Berücksichtigung sozialer Beziehungen ist aus meiner Sicht erstrebenswert, aber auch verbunden mit einer generellen gesellschaftlichen Diskussion. Die stärkere Ausrichtung von Schule auf Beziehungsgestaltung hat Auswirkungen auf die Rolle der Lehrkräfte und auf ihr Agieren in der Lehrsituation.

Das wiederum hätte zur Folge, dass die Ausbildung zum Beruf des Lehrers neu gestaltet werden müsste. Damit ist erkennbar, wie sehr das Thema der psychologischen Sicherheit viele Bereiche unseres gesellschaftlichen Zusammenlebens betrifft, wenn man es zu Ende denkt.

4.7 Essenz

Die Basis für psychologische Sicherheit ist das Gefühl von Verbundenheit. Um dort in unserer Gesellschaft hinzukommen, benötigen wir zum einen das Wissen um die Hintergründe von psychologischer Sicherheit in den Köpfen der Menschen.

Zum anderen benötigen wir sichere Begleiter. Insbesondere für unsere Kinder in den Rollen Elternteil, Erzieher und Lehrer. Aber auch später als Führungskräfte, Coaches und Berater, die in Unternehmen arbeiten und die es sich zur Aufgabe gemacht haben, einen psychologisch sicheren Ort zu schaffen, an dem ihre Mitarbeitenden ohne Angst vor Bewertung ihr Potenzial und ihre Kreativität leben können.

Wenn man noch weiterdenkt, sollten auch die Berufsgruppen, die kranke oder pflegebedürftige Menschen behandeln und begleiten, um die Wichtigkeit von psychologischer Sicherheit wissen. Sie sollten ebenfalls sichere Begleiter sein, die eine Beziehung zu ihren Patienten aufbauen können und sie nicht nur als Objekt einer zu bewältigenden Aufgabe sehen. Dass eine vertrauensvolle Beziehung zwischen Arzt und Patient einen positiven Effekt auf die Heilung hat, ist mittlerweile wissenschaftlich nachgewiesen worden (Kamps 2017). In Beziehung zu gehen erfordert allerdings Zeit. Ein kostbares Gut, das im medizinischen und im Pflegebereich kaum vorhanden ist. Ein Faktor, der in diesem Bereich ein Umdenken und eine daraus folgende Änderung von Strukturen und Prozessabläufen erforderlich macht.

5.

Der Weg, um ein sicherer Begleiter zu werden

Psychologische Sicherheit in Organisationen, Teams und der Gesellschaft braucht selbstsichere Menschen. Menschen, die in ihrem eigenen Inneren aufgeräumt sind und ihren Platz in der Welt gefunden haben. Aus dieser inneren Sicherheit heraus können sie unabhängig von ihrem Umfeld für sich und ihre Meinung einstehen. Sie haben keine Angst (mehr) vor Ablehnung und Bewertung und lassen sich aufgrund ihres Selbstbewusstseins nicht so leicht durch andere Menschen verunsichern.

Das ist wichtig, denn wenn Begleiter in ein Umfeld von psychologischer Unsicherheit kommen, ist es besonders wichtig, gut bei sich bleiben zu können und zu wissen, wofür man steht. Der Kontext von Unsicherheit kann einen einnehmen. Lässt man sich davon beeinflussen, können die eigenen Handlungen die Unsicherheit in der Organisation verstärken, weil man sich etwa in der Art zu kommunizieren angepasst hat.

So etwas ist mir zu Beginn meiner Selbstständigkeit in der Rolle als Scrum-Masterin auch passiert. Ich war vor zehn Jahren noch nicht die selbstsichere und selbstbewusste Frau, die ich heute bin. Ich hatte eine Scrum-Master-Ausbildung gemacht, aber war noch nicht so tief in die Persönlichkeitsentwicklung eingetaucht, wie ich es jetzt bin. Aus heutiger Sicht war ich damals ein Mensch, der sich noch viel zu oft durch das Außen unbewusst steuern ließ.

So traf ich auf ein Umfeld, das im Umgang miteinander wenig verständnisvoll und wohlwollend war. Vornerum wurde sich in Höflichkeit gebadet, aber wenn es dann um Zahlen und Ergebnisse ging, wurde mit den Fingern aufeinander gezeigt und man hatte kein Verständnis für die Beweggründe und Befindlichkeiten der anderen. Jeder versuchte nur sich selbst zu schützen. Das führte dazu, dass die Teammitglieder in eine Verweigerungshaltung kamen. Die einen sagten gar nichts mehr und die anderen verloren sich in Endlosdiskussionen, die weniger den Charakter eines Dialogs als vielmehr den der Rechthaberei hatten.

Anstatt den Blick auch nach außen zu richten, also auf das Umfeld, das auf das Team einwirkte, und mit dem Management in die Diskussion zu gehen, fokussierte ich mich nur auf das Team – auf den Symptomträger. So war der Auftrag damals auch an mich als externe Freelancerin gerichtet: »Frau Schumacher, das Team ist schwierig, es gibt dort viele ungeklärte Konflikte, die das Arbeiten schwierig machen.« Ich versuchte also, dass sich die Teammitglieder wieder besser verstanden, moderierte Konfliktgespräche und führte viele Eins-zu-eins-Gespräche.

Bis zu dem Zeitpunkt, an dem mir die Hutschnur platzte und ich dem Team »mal ordentlich die Leviten las«. Vorausgegangen war ein Meeting mit dem Management, das dem Team zwischen den Zeilen einige Vorwürfe machte.

Die Zeit hatte es also geschafft: Ich hatte mein Verhalten dem der Umgebung angepasst. Die Ergebnisse, die ich mir aus all meinem Tun erhoffte, blieben aus. Angesichts dessen meldete sich der kritische Anteil in mir zunehmend zu Wort und ging hart mit mir ins Gericht. Zudem hatte der strafende Anteil, der auch Teil meines inneren Teams ist, zu viel Futter vom Außen bekommen. All das habe ich allerdings nicht bewusst mitbekommen. Ich hatte damals noch kein beobachtendes Gewahrsein in mir verankert und war mir meiner und meiner damaligen Kompensationsstrategien noch nicht bewusst.

Mit so viel Verletztheit, wie in dem damaligen Team vorherrschte, konnte ich vor zehn Jahren noch nicht umgehen. Jedenfalls nicht mit einer wohlwollenden Haltung, die hier ganz besonders wichtig gewesen wäre. Meine erlernte Strategie, mit Verletzlichkeit umzugehen, war Abwertung, Härte und Strenge. Solche Kompensationsstrategien haben wir alle in uns. Dafür sollten wir uns auch nicht verurteilen oder gar schämen, denn es sind Strategien, die uns schützen wollen. Aber wir dürfen daran arbeiten, gerade dann, wenn wir andere Menschen begleiten.

»

Leading by example: Selbstsichere Teams brauchen selbstsichere Führungskräfte.

«

Um eine wohlwollende und zugewandte Umgebung schaffen zu können, damit sich andere Menschen darin sicher fühlen, müssen wir bei uns selbst beginnen: Wir sollten unsere inneren Anteile kennen und wissen, wie sie in welchen Situationen wirken. Wir sollten unseren eigenen Ängsten und Unsicherheiten begegnen, um sie nicht auf andere zu projizieren. Wir dürfen lernen, mit Mitgefühl unserer eigenen Verletzlichkeit und unseren Ängsten zu begegnen. Erst wenn wir mit uns Frieden geschlossen und uns so, wie wir sind, angenommen haben, können wir für uns selbst ein Sicherheit gebender Mensch sein und das im Außen authentisch leben. Denn es verhält sich genauso wie auch im fachlichen Bereich: Du kannst nur das vermitteln, das du selber beherrschst. Wenn das Ziel die Verbesserung des sozialen Miteinanders ist, welches an ein sozial-emotionales Kompetenzspektrum gebunden ist, kann dies nur erreicht werden, wenn die führende Person über diese Kompetenz verfügt.

Die Gestaltung einer beziehungsstiftenden Atmosphäre, in der Meinungen und Interpretationen ausgetauscht, abgewogen und in die Persönlichkeit integriert werden, steht in engem Zusammenhang mit den eigenen emotionalen Mustern sowie Denk- beziehungsweise Emotionsabläufen der begleitenden Person. Führungskräfte, Coaches und Berater benötigen bei der Auseinandersetzung mit den eigenen Positionen zum Umgang mit Anerkennung, Abhängigkeit, Zuwendung und Unwirksamkeit eine hohe emotionale Kompetenz im Sinne eines selbst reflektierenden Umgangs mit den eigenen und den fremden Gefühlen.

Das am Ende der Neunzigerjahre erarbeitete und seitdem weiter entwickelte Konzept des »Social Emotional Learning« (SEL) sieht als Ausgangspunkt sozial-emotionaler Kompetenzentwicklung von Lernenden die Lehrkraft selbst. Untersuchungen zeigten, dass Lernenden Fähigkeiten wie Achtsamkeit und Selbstwirksamkeit hauptsächlich dann vermittelt werden konnten, wenn die Lehrkräfte selbst über diese Fähigkeiten verfügten (casel.org).

Die Schritte, die von Lernenden gegangen werden müssen, um eine sozial-emotionale Kompetenz zu erwerben, sind somit die Schritte, die vorab von der Lehrkraft gegangen worden sein sollten. Anfänglich sind dies primär zwei wesentliche Schritte (Käpplinger et al. 2013):

1. Schritt
Sich darüber bewusst werden, dass Emotionen selbst gemacht sind und nicht durch Umstände bestimmt werden, sondern durch die Reaktion auf diese. Dies bedingt eine nach innen gerichtete Perspektive und die Befreiung von dem Gefühl der Abhängigkeit von einem übermächtigen und dem eigenen Einfluss sich verwehrenden Außen sowie der Suche nach dem für das eigene Befinden Verantwortlichen in diesem Außen. Eine Verbindung von Gefühl und Körperwahrnehmung sollte dabei Bestandteil dieser Sensibilisierung sein.

2. Schritt
Psychoedukation meint die Aneignung differenzierten Wissens darüber, was Emotionen sind, welche es gibt, wie sie entstehen, wirken und gehandhabt werden können.

Aus meiner Sicht entsprechen diese beiden Schritte den drei Säulen eines psychologisch sicheren Begleiters:

- Das Wissen über die Hintergründe von psychologischer Sicherheit haben.
- Ein selbstsicherer Mensch sein, der seinen Platz in der Welt gefunden hat.
- Verbundenheit leben, um sichere Beziehungen aufbauen zu können.

5.1 Das Wissen: psychologische Unsicherheit erkennen

Über die Dynamiken und Folgen von psychologischer Unsicherheit Bescheid zu wissen, ist unerlässlich für die sichere Begleitung von einzelnen Menschen und Teams. Hierzu gehört nicht nur das Wissen um neurobiologische Zusammenhänge und spezielle Traumasymptome, sondern auch das Wissen um zwischenmenschliche Herausforderungen, Konfliktfelder und Problemfelder, die dadurch entstehen können, wenn sich Menschen nicht sicher fühlen.

Ein tiefgehendes Wissen über die komplexen Dynamiken von psychologischer Unsicherheit und den damit verbundenen Stress macht es möglich, einen sensiblen Blick und eine entsprechende Haltung zu entwickeln. Je tiefer und lebendiger dieses Wissen ist, desto einfacher gelingt es, sich feinfühlig und sensibel auf unterschiedliche Menschen und Teams einzulassen und ihnen eine unterstützende Begleitung zu sein.

Um psychologische Unsicherheit erkennen zu können, ist es wichtig, dass wir die Symptome davon kennen und sie auch in unserem Gegenüber und uns selbst wahrnehmen können. Dabei hilft es dir, die Inhalte der ersten beiden Kapitel dieses Buchs in der Tiefe zu verstehen. Das Wissen um die autonomen Zustände des Nervensystems lässt dich schneller Symptome psychologischer Unsicherheit erkennen und einordnen. Dadurch wirst du auch die latenten und subtileren Zustände psychologischer Unsicherheit sehen können und du kannst passende Angebote für den einzelnen Menschen, das Team oder die Organisation machen.

Deb Dana, eine bekannte Therapeutin, beschreibt, dass der Prozess des Lernens zwei Komponenten umfasst: das Entdecken und die Meisterung.

In der Interaktion mit dir als psychologisch sicherem Begleiter haben die Menschen die Möglichkeit, positive Erfahrungen in einem vielleicht noch unsicheren Umfeld zu machen. Über diesen Raum und eine sichere Verbindung zu dir gibst du ihnen zwischen den Terminen oder den Gesprächen mit dir die Möglichkeiten des Entdeckens und der Meisterung.

5.1.1 Erkennen, verstehen, einordnen

Es ist wichtig, dass wir als Begleiter die Folgen von psychologischer Unsicherheit erkennen und die Hintergründe erklären können. Denn darüber ist es uns möglich, den Menschen, die wir begleiten, dieses Wissen weiterzugeben und sie damit zu befähigen, selbst das Logische und Erklärbare der Symptome erkennen zu können. Darüber verstehen sie sich und – wenn es eine Teambegleitung ist – die Dynamiken im Team besser. Das hat oftmals einen entlastenden Effekt. Auf den Einzelnen wie auch auf das Team. Es erscheint dann nicht mehr so, dass man selbst oder das Team »falsch« ist. Deswegen ist das Vermitteln des Wissens über die Hintergründe psychologischer Sicherheit ein weiterer wichtiger Bestandteil einer psychologisch sicheren und sensiblen Begleitung.

Die sogenannte Psychoedukation beinhaltet alles, was ein Mensch an Wissen braucht, um Erkenntnisse über die Ursachen von psychologischer Unsicherheit und die Zusammenhänge mit den Symptomen im Hier und Jetzt zu schöpfen. Alles, was ich hier in dem Buch, in meinen Coachings und meiner Ausbildung dazu weitergebe, ist Wissen, das du an die Menschen, mit denen du zusammenarbeitest, weitergeben kannst und solltest.

Wenn Menschen Verständnis entwickeln, können sie Dinge zu erkennen beginnen. Was vorher nur unbewusst wahrgenommen wurde, fällt nun auf ein inneres Wissen, woraus sich ein Erkennen ergibt. Einfach gesagt: Wenn du innerliche Erklärmodelle hast, erkennst du in gewissen Verhaltensmustern entsprechende Dynamiken. Du erkennst beispielsweise den Schmerz hinter einer Unfreundlichkeit, die Fluchtenergie hinter Stillschweigen oder die Verletzlichkeit hinter einer Härte oder Kühle.

Dieses Erkennen kann sehr hilfreich sein, um sich aus (Beziehungs-)Dynamiken zu befreien oder auch eigene Reaktionsmuster zu modulieren. Außerdem helfen dir – und den Menschen, die du begleitest – das Verstehen und Erkennen, um Dinge einordnen zu können. Die Welt erhält so mehr Struktur – die eigene Innenwelt sowie die Beziehungswelten im Außen.

5.1.2 Das Prinzip des guten Grundes

Dieses Prinzip kann große Veränderungen bewirken und ist ein essenzieller Bestandteil des Menschenbildes, das hilfreich ist, wenn man Menschen dabei unterstützen möchte, zurück in ihre Sicherheit zu kommen oder ein entsprechendes Umfeld aufzubauen. Auf den Punkt gebracht bedeutet dieses Prinzip: Alles, was du fühlst, ergibt Sinn.

Ich habe das Prinzip des guten Grundes in meiner Ausbildung zum Coach für Neurosystemische Integration® und ganzheitlich-integrative Traumaarbeit bei Verena König kennengelernt. Man geht in der Traumapädagogik davon aus, dass sich kein Verhalten eines Kindes ohne Grund zeigt. Folglich ergibt es keinen Sinn, am Verhalten allein zu arbeiten, sondern am »guten Grund«, der dieses Verhalten hervorruft.

Das gilt auch für uns Erwachsene und unser Verhalten. Besonders die Verhaltensmuster, die uns bei uns selbst oder bei unseren Mitmenschen als unlogisch, unsinnig oder verstörend erscheinen. Sie haben oft ihren Grund darin, dass sich diese Menschen nicht sicher fühlen. Entweder weil ihr Umfeld im Hier und Jetzt dazu führt oder weil sie in ihrer Kindheit und Jugend wenig Sicherheit und viel Stress erfahren haben, sodass sie heute neue, positive und sichere Erfahrungen machen dürfen, um das Vertrauen in ihr Außen stärken zu können.

Mit der Suche nach dem guten Grund begibt man sich in die Haltung, grundlegend verstehen zu wollen, statt zu bewerten oder zu pathologisieren.

Über die Suche nach dem guten Grund finden wir also heraus, was die Abwehr- oder Kompensationsstrategien auslöst, die wir beim Einzelnen oder im Team sehen. Damit werden wir uns also der eigentlichen Ursachen gewahr.

Wenn wir unseren Blick für den guten Grund sensibilisieren, wenn wir davon ausgehen, dass alles, was wir fühlen, Sinn ergibt, können wir uns generell anders begegnen und mehr Frieden in der Welt kreieren – im Innen und Außen.

5.2 Wirkungshebel selbstsicher und selbstbewusst sein

»If you talk about how important vulnerability is, but you're never vulnerable or people get punished for being vulnerable, then it's just lip service.«

Brené Brown

Das Fühlen und der wohlwollende Umgang mit der eigenen Verletzlichkeit sind ein Ausdruck von echter Selbstsicherheit. Denn erst wenn wir unsere inneren Anteile kennen und alle von ihnen – auch die, die wir nicht als angenehm empfingen – integriert haben, können wir als Menschen auftreten, die sich ihrer bewusst und in sich sicher sind. Wir wirken erst dann authentisch, wenn die Menschen spüren, dass das, was sie an Verhalten bei uns erleben, mit dem übereinstimmt, was wir im Inneren fühlen und denken. Der innere Zustand muss kongruent zu dem äußeren Auftreten sein. Wenn wir also nach außen proklamieren, dass es für die Entwicklung von psychologischer Sicherheit wichtig ist, dass sich die beteiligten Personen nach außen authentisch und verletzlich zeigen, dann sollten wir als Begleiter vorangehen.

Der Weg in die eigene Selbstsicherheit verläuft über den Prozess des Sich-selbst-Kennenlernens. Die verschiedenen Anteile der eigenen Persönlichkeit zu kennen, sie zu integrieren und anzunehmen.

5.2.1 Es beginnt alles bei einem selbst und dem Erkennen der eigenen Anteile

Die Arbeit mit Anteilen hat einen grundlegenden Effekt – sie macht uns deutlich, dass wir mehr als das sind, wovon wir uns gegenwärtig dominiert fühlen und womit wir uns identifizieren. In dem Moment, in dem wir anerkennen, dass ein Anteil von uns gerade etwas erlebt oder bewertet, identifizieren wir uns schon nicht mehr vollkommen damit. In diesem Augenblick wird etwas anderes in uns aktiv: unser innerer Beobachter, das beobachtende Gewahrsein. Das ist insbesondere wichtig in der Arbeit mit anderen Menschen.

In Konfliktmoderationen kann es beispielsweise dazu kommen, dass Emotionen plötzlich nicht nur den Raum erfüllen, sondern auch dich. Um in diesen Situationen die Konfliktparteien sicher durch den Prozess der Klärung und Lösungsfindung bringen zu können, solltest du schnell differenzieren können, ob die hochsteigenden Gefühle in dir deine sind oder die der Streitparteien.

In der Anteilearbeit wenden wir uns den verletzten und verletzenden eigenen Anteilen bewusst und mit einer wohlwollenden Absicht zu, um sie in ihrer heilsamen Veränderung zu unterstützen. Das Zauberwort heißt hier »Integration«. Diese Anteile sind neuronale Netzwerke, die sich mal gebildet haben, um uns zu schützen, und die uns auch jetzt noch schützen wollen. Mit diesem Blick sollten wir auf sie schauen und mit ihnen umgehen.

Helfen tun uns dabei unsere unverletzten Anteile, unsere inneren Ressourcen. Über sie entsteht eine nachhaltige Veränderung, die körperlich und mental spürbar ist. Daher sind die Zuwendung und der Fokus auf die uns stärkenden und lebendigen Anteile so wichtig. Die Arbeit mit und an den Ressourcen ist wie eine Art Zauberschlüssel, wenn es um das Thema Selbstsicherheit geht. Aber nicht nur in der Arbeit mit dir selbst, sondern auch mit den Menschen oder Teams, die du begleitest, sollte sie ein zentrales Element sein.

Die Anteilearbeit ist eine Art Achtsamkeitspraxis, die es möglich macht, wohlwollender auf dich selbst zu blicken. Deine Selbstkenntnis erhöht sich und die innere Verbundenheit steigt. Damit wird es für dich leichter, echte Selbstfürsorge und Selbstliebe zu leben. Über diese innere Verbundenheit ist es dir erst möglich, deine eigene Verletzlichkeit zu spüren. Der wohlwollende Blick auf dich selbst erlaubt es dir, diese Verletzlichkeit nach außen zu zeigen – ohne Angst vor den Reaktionen der anderen.

Nach und nach, mit wachsender Kohärenz, können sich deine Potenziale entfalten. Mit dieser Sichtweise und dem sich daraus ergebenden Selbstheilungsansatz gelingt es dir, immer mehr dein authentisches Selbst zu leben, deinem eigenen wahren Wesen Ausdruck zu verleihen und freier von den Erfahrungen der Vergangenheit zu sein.

Die wesentlichen Anliegen, denen wir mit der inneren Arbeit im psychologisch sicheren Coaching nachkommen, sind:

- die Stärkung des beobachtenden Gewahrseins – unsere Metaebene. Darüber können wir unsere Gefühlszustände und Verhaltensmuster erklären.
- Die Selbstkenntnis zu erhöhen und eine differenzierte Selbstwahrnehmung zu erreichen,
- das Selbstverständnis zu erhöhen – über eine wohlwollende innere Haltung,
- die Selbstwirksamkeit zu erhöhen,
- die Selbstregulationsmöglichkeiten zu verbessern,
- der Perspektivwechsel und die Distanzierung,
- weniger Selbstabwertung, freundlichere innere Dialoge,
- Externalisierung: Es ist möglich, Anteile auch externalisiert zu betrachten, beispielsweise über Aufstellungsarbeit. Damit können wir Distanz schaffen und uns gleichzeitig zuwenden und auseinandersetzen.
- Personalisierung: Wir geben einem inneren Zustand eine Form (Anteil), die wir betrachten und mit der wir interagieren können. Dadurch entsteht ein inneres Bild von unserer tatsächlich vorhandenen Pluralität. Es ist mit diesem Effekt sogar möglich, Symptome zu erforschen. Welcher Anteil hat diese Angst, vor einer Gruppe zu sprechen? Welcher Anteil ist der, der Konflikten aus dem Weg geht? Welcher meiner Anteile zweifelt so sehr an mir?
- Gezielte Desidentifikation von Symptomen/Anteilen: Sich aus einem Anteil wieder ins beobachtende Gewahrsein zu versetzen, ist eine »Desidentifikation« von einem Anteil. Die Metaebene ermöglicht eine Art Verbindung, die ungefährlich ist, weil wir dann in den Gefühlen des zum Beispiel verletzten Anteils nicht stecken bleiben. Die Selbstzweifel können uns dann beispielsweise nicht in Form von Gedankenkreisen überfluten. Deswegen ist es so wichtig, das beobachtende Gewahrsein

– die Metaebene – zu stärken. Nicht nur für die Menschen, die wir begleiten, sondern auch für uns selbst;
- Handlungskonzepte zu erweitern: Je besser ich meine Anteile kenne und im beobachtenden Gewahrsein beobachten und führen kann, desto mehr Handlungsoptionen ergeben sich;
- die Kohärenz der eigenen Persönlichkeit.

Über die Arbeit mit den eigenen Anteilen finden wir viel über unser Glaubenssystem und unsere Sicht auf die Welt und andere Menschen heraus. All das führt dazu, dass wir viel bewusster die Welt, das Verhalten der anderen Menschen und uns selbst wahrnehmen können.

Diese Hinwendung zu unseren Anteilen können wir mit dem Wort Selbstbewusstsein beschreiben. Du wirst dir deiner Anteile bewusst und der Dynamiken, die von diesen Anteilen ausgehen. Diese Art von Selbstbewusstsein, von der ich hier spreche, führt zu einem hohen Maß an Lebensqualität, da es dir eine innere Klarheit gibt. Klarheit bringt psychologische Sicherheit und Ruhe in dein System, weil Bewusstheit eine Brücke in die Selbstwirksamkeit schlägt.

Das Bewusstsein, das über die Anteilearbeit erreicht wird, ist mehr als nur Wissen. Es ist eine Seins-Qualität, es ist ein Fühlen, ein Spüren und ein Wahrnehmen. Die Anteilearbeit ist ein sehr ermächtigendes Werkzeug, das, wenn du es einmal verinnerlicht hast, dich fortwährend intuitiv begleitet und dich immer weiter stärken wird.

5.2.2 Glaubenssysteme

Menschen, die sich nicht trauen, Verantwortung zu übernehmen, oder bei Veränderungen in den Widerstand gehen, machen das nicht aus böser Absicht. Meistens steckt da Unsicherheit oder sogar Angst dahinter. Gefühle, die bezogen auf die aktuelle Situation von außen betrachtet nicht angemessen erscheinen.

Was bei dem einen die neue Aufgabe ist, die zu Reaktionen führt, die man als Außenstehender kaum nachvollziehen kann, ist bei jemand anderem eine Konfliktsituation. Wir alle haben Themen, bei denen wir uns nicht wohlfühlen und um die wir gerne einen Bogen machen würden. Dahinter stecken unsere Glaubenssysteme. Ein System von Glaubenssätzen, die miteinander verstrickt sind, einander unterstützen und daher so machtvoll sind. Es ist ein Komplex aus Gefühlen, Überzeugungen und Bewertungen.

Glaubenssysteme sind neuronale Netzwerke, die sich in Kindheit und Jugend als unsere sechsspurigen Autobahnen bilden. Kinder sind Meister der Anpassung, eine Fähigkeit, die ganz natürlich und auch dienlich ist, um in Verbindung zu ihren Bezugspersonen sein zu können. Zu dieser Eigenschaft von Kindern kommt noch, dass das, was sie in frühen Jahren erleben, Realität für sie ist. So wie sie an den Osterhasen und den Weihnachtsmann glauben, glauben sie auch all das, was man ihnen über sie selbst erzählt oder ihnen zeigt. Über die Verinnerlichung dieser Botschaften entstehen die Glaubenssysteme, aus denen sich später unser Selbstbild entwickelt.

Da nicht nur die anderen Menschen solche Glaubenssysteme haben, die sie in ihrem Leben und Arbeiten aufhalten können, sondern auch wir, als deren Begleiter, ist es wichtig, sich diesen zu widmen, damit sie nicht als Störfeuer in unserer Arbeit auftauchen.

Vielleicht merkst du in deiner Arbeit Symptome der Angepasstheit. Dass du dich nicht traust, klar deine Meinung zu sagen oder dem Team, das du begleitest, den Spiegel einmal vorzuhalten. Oder du hast einen sehr hohen Anspruch an dich und deine Arbeit, was dich häufig schlecht schlafen oder nur schwer zur Ruhe kommen lässt. Dahinter können Glaubenssätze stecken, die mit unbewussten Gefühlen und Gedanken verbunden sind.

Sätze wie:

- Ich bin nicht gut genug.
- Ich muss es allein schaffen.

- Auf niemanden ist Verlass.
- Eigene Bedürfnisse zu äußern, ist egoistisch.
- Ich muss etwas tun, um geliebt zu sein.
- Mit mir ist etwas falsch.
- Ich gehöre nicht dazu.

Es ist wichtig, diese Sätze in Ruhe zu erforschen, denn die Bewusstheit darüber macht dich zu einem selbstbewussten Begleiter. Um damit zu arbeiten, braucht es sowohl die Verstandesebene als auch den Zugang zum eigenen Körperbewusstsein, denn dort können implizite Erinnerungen liegen, die in frühester Kindheit entstanden sind, in der das Gedächtnis noch nicht voll ausgereift war. Über die körperorientierte Arbeit schafft man es, an diffuse, wortlose, aber dennoch eindeutige Empfindungen heranzukommen. Der Körper gibt Zugang zu dem frühen Empfinden von Identität und Wirklichkeit.

Die Arbeit mit den eigenen Glaubenssystemen ist eine tiefe Transformationsarbeit und kann auf eine sanfte und behutsame Art und Weise nachhaltig sehr lebensverändernd wirken. Es ist in erster Linie ein Geschenk, das du dir machst, wenn du bereit bist, hinzuschauen, um ein selbstbewusster und ein selbstsicherer Mensch zu sein. Es ist aber auch ein Geschenk an die Menschen, mit denen du zusammenarbeitest und -lebst. Dich dabei liebevoll selbst zu begleiten, ermöglicht es dir, dieses Geschenk auch zu empfangen.

5.2.3 Der Umgang mit starken Gefühlen

Viele Begleiter scheuen intensive Erlebnisqualitäten ihrer Klienten oder Teammitglieder und versuchen sie (manchmal unbewusst) zu vermeiden oder durch Moderation und Gesprächsführung schnell wegzumanagen. Das hat viel damit zu tun, wie gut sie ihre eigenen Gefühle regulieren können und wie der eigene gelernte Weg, mit intensiven Gefühlen umzugehen, aussieht.

In der Art und Weise, wie wir mit intensiven Gefühlen umgehen, spiegeln sich unsere eigenen Erfahrungen wider und damit das Maß, wie weit wir diese Erfahrungen integriert haben. Es ist allerdings wichtig, dass wir als Begleiter gut in der Lage sind, Halt und Raum für intensive Empfindungen geben zu können und keine Angst vor ihnen zu haben. Denn gerade in Teams wird es dazu kommen können, dass, je mehr psychologische Sicherheit sich breitmacht, Befindlichkeiten und Konflikte hochkommen, die vorher untergründig schwelten. Das ist ein gutes Zeichen! Es zeigt, dass sich die Menschen trauen, für sich und ihre Werte einzustehen. Es zeigt, dass sie emotional involviert und daran interessiert sind, etwas zu verändern. Darüber kann etwas neues Gemeinsames entstehen, wo vorher aufgrund von Schutzmechanismen jeder für sich allein die Dinge geregelt hat.

Es gibt zwei wichtige Faktoren für den Umgang mit intensiven Gefühlen
Zum einen, dass du dich selbst gut wahrnimmst und gut für dich sorgst. Es mag so eingängig sein und trotzdem solltest du dich selbst als alter Hase immer wieder daran erinnern, denn auch wenn die Arbeit mit Menschen und Teams Spaß macht, so ist sie auch anstrengend und fordernd. Wenn du dabei nicht gut genug auf dich aufpasst und nicht genügend Pausen machst, dann kann es sein, dass du dich immer schlechter wahrnimmst.

Das passiert leider vielen Coaches und Führungskräften, weil sie nicht mitbekommen, wenn sie – weil sie gerade viel zu tun haben – den Kontakt zu sich verloren haben und sich nicht mehr wahrnehmen.

In meinen Augen haben Menschen, die andere Menschen begleiten und führen, die Selbstfürsorge tatsächlich als Aufgabe. Sie gehört zu unserem Beruf und sollte zu unserem Arbeitsalltag dazugehören.

Zu der Selbstwahrnehmung gehört außerdem:

- Um intensiven Gefühlen anderer Menschen gut begegnen zu können, musst du im Hier und Jetzt präsent sein. Du musst eine innere Verbindung zu dir spüren und in deinem Körper verankert sein.
- Es ist wichtig, dass du deine eigenen Reaktionsmuster und Triggerpunkte gut kennst, um zu erkennen, wann es in deinem Inneren nicht mehr nur um dein Gegenüber, sondern plötzlich auch um dich geht.

- Es ist wichtig, klar im Metaebenen- oder Coach-Selbst verankert zu sein, sodass vulnerable Anteile im Inneren gut geschützt sind und es so weniger wahrscheinlich ist, dass du Dinge persönlich nimmst.
- Es ist wichtig, das eigene Nervensystem direkt regulieren zu können.
- Es hilft, sich selbst im Geschehen auch immer von der Metaebene aus wahrzunehmen.

Zum anderen ist es wichtig, dass du das oder die Gegenüber gut wahrnehmen kannst. Du solltest erkennen, wo sich die Menschen in ihrem Stresstoleranzfenster und in ihren Nervensystemzuständen gerade befinden. Hierzu kannst du noch einmal ins erste Kapitel schauen, in dem ich die Merkmale der Nervensystemzustände beschreibe.

Du nimmst die Menschen auf allen Ebenen wahr, um eine gute Verbindung zu ihnen aufnehmen und sie dabei unterstützen zu können, sich sicher zu fühlen. Wenn jemand beispielsweise in deiner Besprechung laut wird, solltest du ihm nicht nur aufmerksam zuhören (anstatt ihn zu beschwichtigen), du achtest auf seine Körpersprache, seine Mimik und Gestik, seine Wortwahl und den Tonfall. So wird es dir leichter fallen, zu verstehen, um was es ihm wirklich geht, und ihn dabei zu unterstützen, das klar zu formulieren, um anschließend auf der Sachebene nach Lösungen zu suchen.

Je weniger Angst du vor intensiven Gefühlen hast, desto mehr wirst du den Raum halten können, sodass Menschen sich trauen, sich mit all ihren Emotionen zu zeigen. Genau das macht psychologische Sicherheit aus: einen Raum zu haben, in dem ich mich so sicher fühle, dass ich sogar Gefühle zeige, die gesellschaftlich immer noch negativ bewertet werden.

5.2.4 Die eigene Abgrenzung als psychologisch sicherer Begleiter

Wie geht es dir mit deiner Abgrenzung? Kannst du dich gut abgrenzen und für dich, deine Werte und Grenzen einstehen? Fällt es dir leicht, nein zu sagen?

»

Menschen suchen Sicherheit meist im Außen. Ein Trugschluss: Das Gefühl von Sicherheit ist ein Produkt des inneren Selbst.

«

Das Thema der Abgrenzung ist eng mit dem Thema der psychologischen Sicherheit verknüpft, denn ohne die eigene innere Sicherheit wird es dir schwerfallen, dich gut und sicher abgrenzen zu können. Das ist eine Kompetenz, die es grundsätzlich im Leben braucht, um das eigene Leben und nicht das Leben von anderen zu führen. Umso wichtiger ist sie jedoch, wenn wir andere Menschen begleiten, da Abgrenzungsthemen immer in der zwischenmenschlichen Interaktion und in der Beziehungsgestaltung eine Rolle spielen. Unsere eigene Abgrenzungsstruktur und auch die unserer Mitmenschen entschlüsseln und verstehen zu können, ist hilfreich, um Teamdynamiken und das Verhalten der einzelnen Menschen einordnen zu können.

In unseren Abgrenzungsthemen spiegeln sich unsere frühen Bindungsmuster, unser Bindungsstil und auch unsere Kompensationsstrategien wider. Somit werde ich das Thema Grenzen und Abgrenzung aus der psychologisch sicheren Perspektive betrachten und in Zusammenhang bringen mit dem Wissen über frühe Prägungen, Bindung, das Nervensystem und Anpassungsleistungen.

Für viele Menschen ist Abgrenzung ein schwieriges Thema. Dabei ist Abgrenzung in seinem Ursprung etwas sehr Natürliches. Unsere somatische Abgrenzungsfähigkeit zeigt sich schon sehr früh in Form von Körperimpulsen. Ein Baby zeigt darüber, dass es sich von der Brust oder Flasche wegdreht, dass es satt ist. Kleinkinder, die sich verbal noch nicht ausdrücken können, zeigen durch Abwehrbewegungen, wenn sie etwas nicht wollen oder Schmerzen haben. Das alles sind autonom gesteuerte Impulse, die Teil der natürlichen Abgrenzungsfähigkeit sind. Eine wichtige Fähigkeit, um sich selbst schützen zu können oder das zu bekommen, was man braucht.

Um ein Bewusstsein für eigene Grenzen über die somatischen Grenzen hinaus entwickeln zu können, braucht es ein Gefühl von »Ich« und »die Anderen«. Erst dann können eigene Bedürfnisse abgegrenzt von der Außenwelt wahrgenommen und eigene Grenzen immer bewusster erkannt werden. Kinder können dann mehr und mehr einschätzen, wozu sie körperlich in der Lage sind, was sie sich zutrauen können. Sie erkennen Gefahren oder nehmen bewusster wahr, wenn sie eine Situation verlassen wollen, weil sie sich unwohl fühlen.

Dieses Ich-Bewusstsein reift erst etwa ab dem dritten Lebensjahr (Bundeszentrale für gesundheitliche Aufklärung 2023). Ab diesem Zeitpunkt können Kinder ihre wahrgenommenen Grenzen immer öfter verbalisieren. Wenn sie dabei jedoch nicht ernst genommen oder ihre Grenzen nicht wahrgenommen und übergangen werden, verlieren sie den Zugang zu diesen ursprünglichen und gesunden Reaktionen.

Ein typisches Beispiel dafür ist, wenn aufgrund von sozialen Normen von einem Kind verlangt wird, der Tante die Hand oder ein Küsschen zur Verabschiedung zu geben, da die Tante sonst traurig ist, obwohl das Kind das nicht möchte. Damit wird die Grenze des Kindes überschritten und zeitgleich mit einer Schuld verknüpft, die Schamgefühle auslöst. Denn etwas zu tun, was man eigentlich nicht möchte, führt zu Scham.

Zudem bringt die Erfahrung, dass die eigenen Grenzen nicht respektiert und übergangen werden, viel Verunsicherung mit sich, denn Grenzen sind eigentlich zum Schutz da. Wenn jedoch in dem vulnerablen Zeitraum vor und um das dritte Lebensjahr bis in die Pubertät (Entwicklung der Autonomie) Bindungstraumata durch bedrohliche, übergriffige oder abwesende Bindungspersonen passieren, ist das Entwickeln einer Abgrenzungsfähigkeit oft sehr erschwert. Es kommt zu einer Irritation auf einer tiefen Ebene.

Diese Unsicherheit führt zu Bindungsmustern, die Abgrenzung schwer machen: die Balance zwischen Nähe und Distanz, Verbundensein und Für-sich-Sein ist kaum zu halten und es kommt zu harter oder zu diffuser Abgrenzung.

Diffuse Abgrenzung und viel Anpassung

Wenn wir gelernt haben, dass unser Autonomiebestreben bestraft oder beschämt wird, verlieren wir den Mut, uns abzugrenzen und damit autonom zu sein. Die Folge kann der Reflex des Ja-Sagens sein. Der Selbstwert und das

Gefühl der Zugehörigkeit sind an Aufopferung gebunden. Hierin erkennen wir die Fawn Response, in der jede Grenze aufgegeben wird.

Harte Abgrenzung

Auch der Reflex, »nein« zu sagen, kann entstehen. Die gewählte Strategie ist dann die Rettung durch Sich-Entziehen. Hierbei können Grenzen auch sehr rigide sein.

Zusammengefasst kann man sagen, dass durch Grenzüberschreitungen in der Kindheit und Jugend Stressreaktionen und zahlreiche Anpassungsleistungen die Folge sein können. Sich diese Abgrenzungsfähigkeit zurückzuerobern, bedeutet wieder in die eigene Kraft und in die eigene Selbstbestimmung zu kommen. Ein gesteigertes Körperbewusstsein und die bessere Wahrnehmung der eigenen Körpergrenzen kann dir dabei helfen, deine Abgrenzungsfähigkeit zu steigern. Du bist dadurch bewusster präsent, weil du dich über deinen Körper wieder mit deiner alten und natürlichen Fähigkeit verbindest.

Diese natürliche und instinktive Fähigkeit ist der Ursprung all deiner komplexeren Abgrenzungsfähigkeiten. Wenn du beispielsweise nein sagen und eine Grenze aufzeigen willst, benötigst du dafür auch eine kohärente Verbindung zu deiner Stammhirnebene, deiner Körperebene. Ansonsten wirst du ein Nein rüberbringen, das dein Gegenüber nicht ernst nimmt, oder du wirst nicht bei deinem Nein bleiben können. Kopf und (Körper-)Gefühl müssen dabei übereinstimmen.

Für dich als Begleiter von Teams ist die Fähigkeit, für dich, deine Werte und deine Meinung einzustehen, besonders wichtig. In meiner Arbeit als Team-Coach und Scrum-Masterin gab und gibt es immer wieder Situationen, in denen ich den rosa Elefanten im Raum ansprechen muss, weil es sich sonst niemand traut. Oder meine Rolle wurde angegriffen, weil sie (das Umfeld) störte. Auch in Konfliktmoderationen kann es erforderlich sein, Grenzen aufzuzeigen, wenn sich beispielsweise ein Team gegenüber einem einzelnen Teammitglied verbündet hat und es verbal attackiert.

Ebenso wichtig ist es, dass du dir deiner eigenen Abgrenzungsmuster bewusst bist. Wie lebst du Abgrenzung? Bleibst du dabei in Verbindung oder kannst du deine Grenzen nur wahren, wenn du hart wirst? Gerade wenn wir mit anderen Menschen arbeiten und sie begleiten, können wir schnell in eine Falle der Übertragung und Gegenübertragung im Abgrenzungsfeld treten. Wenn du beispielsweise Erwartungen an dich als Begleiter hast und möchtest, dass das Team schnell wieder zueinanderfindet, weil du selbst ein sehr harmoniebedürftiger Mensch bist, kann dieses Bedürfnis zu einer unbewussten Erwartung an das Team werden. Das wird dein Verhalten beeinflussen. Du wirst befangen und spiegelst nicht in der Klarheit, die guttäte.

Um eigene Abgrenzungsthemen erkennen und bearbeiten zu können, schauen wir also zu den Bindungsmustern, den bevorzugten Schutz-Strategien und zu den Anteilen, die noch unter Druck geraten, wenn es um Abgrenzung geht. Das ist eine wichtige Arbeit an dir als Begleiter, die den Weg zurück in deine Selbstbestimmung und deine gesunde Autonomie zeigt und damit auch den Weg zu wahrer Verbundenheit. Es ist für dich und die Menschen, die du begleitest, etwas sehr Wertvolles auf dem Weg in die psychologische Sicherheit. Deine eigene Sicherheit im Umgang mit deinen Grenzen zahlt auf die psychologische Sicherheit im Team ein!

Menschen mit diffusen oder rigiden Abgrenzungsmechanismen

Natürlich haben auch die Menschen, die wir begleiten, eigene Bindungs- und Schutzmuster, die auf ihre Art der Abgrenzung wirken. Sei es in der Eins-zu-eins-Begleitung oder im Teamkontext. Wir werden in der Zusammenarbeit mit diesen Menschen automatisch damit in Berührung kommen und sie werden sich auf das Miteinander auswirken. Dabei ist es dann als Begleiter wichtig, die Reaktionsmuster deuten und mit ihnen umgehen zu können.

Jemand mit wenig Abgrenzungsfähigkeit wird sich vermutlich (unbewusst) viel mehr an uns anpassen und eventuell eine Grenze oder ein Unbehagen nicht kommunizieren als jemand, der sich über rigide Grenzen abgrenzt. Ein Teammitglied mit rigiden Grenzen wird uns mitteilen, was ihm nicht passt und worüber es sich ärgert. Es wird sich aber schwer auf Vorschläge und Interventionen von uns einlassen können, weil die Grenzen dafür viel zu unflexibel sind. Wenn wir das wahrnehmen können, haben wir Möglichkeiten, auf die automatischen Reaktionen der Menschen besser einzugehen.

Hast du es mit einem Menschen mit diffusen Grenzen und zu viel Anpassung zu tun, hilft es, mehr zu fragen und mehr Feedback einzuholen: »Wie fühlt sich das an?«, »Wie geht es dir damit?«, »Wie findest du das?«, »Kannst du fühlen, was das für eine innere Reaktion auslöst?«, »Hast du bemerkt, dass dein Körper eben reagiert hat?«. Außerdem ist es wichtig, immer die aktive Zustimmung dieser Person einzuholen, sodass sie üben kann, zu spüren, was sie braucht oder was sie nicht möchte.

Bei Menschen, denen es schwerfällt, ihre Grenzen auszudrücken und für sich einzustehen, ist es wichtig, defensiv zu führen, das heißt einladend und sehr wohlwollend. Du führst diese Menschen frontal. Damit ist gemeint, dass sie wahrnehmen, dass sie eigenständig sind und du ihnen gegenübersitzt, mit einer eigenen, vielleicht auch abweichenden Meinung. Gib ihnen dabei das Gefühl, dass es für dich okay ist. Unterstütze sie, ihr eigenes Profil zu schärfen und klar dafür einzustehen. Damit hilfst du ihnen, einen Du- und einen Ich-Blick zu entwickeln, denn Menschen mit diffusen Grenzen laufen häufig Gefahr, nur ein Wir zu sehen.

Bei Mitarbeitenden, bei denen du beispielsweise viel Potenzial siehst, die sich aber nicht trauen, einen Schritt voranzugehen und sich zu zeigen, sondern stattdessen immer nur im Schatten eines anderen mitlaufen, kann diese Art der Führung förmlich Wunder bewirken. Vermeide dabei, ungeduldig zu werden und Druck aufzubauen. Das spürt dein Gegenüber und es kann all das aufgebaute Vertrauen und die dadurch gewonnene Sicherheit zunichtemachen. Solltest du ungeduldige Anteile bei dir bemerken, gehe stattdessen in die Selbstreflexion und frage diesen Anteil, was er braucht, damit er wieder zur Ruhe kommen kann.

Wenn du Mitarbeiter im Team hast, die rigide Grenzen und ein hohes Kontrollbedürfnis haben, ist es wichtig, einen klaren Rahmen zu schaffen, der Orientierung gibt. Das können Rituale sein, also wiederkehrende Abläufe im Eins-zu-eins-Setting oder auch bei Teammeetings. Menschen mit rigiden Grenzen haben ein hohes Bedürfnis nach Selbstbestimmung. Sie wollen selbst entscheiden. Hier führst du von der Seite, nicht frontal. Du lädst diese Person dazu ein, den Blick auf ein Wir zu richten.

Die Interventionen, die du anbietest, sollten daher sehr kleinschrittig sein, sodass sich dein Gegenüber leichter darauf einlassen kann und es fast schon unmöglich ist, sich dem zu verweigern. In der Kommunikation wählst du Worte wie »Schau mal, wie es für dich stimmt« oder »Du entscheidest«.

Es ist eine Gratwanderung zwischen dem Autonomiebedürfnis deines Gegenübers und deinen eigenen Grenzen. Man kann es zusammenfassen als eine sanfte Führung innerhalb eines klaren Rahmens. Wenn beispielsweise ein Mitarbeiter einen Termin für sinnlos erachtet, dann wäre der klare Rahmen das, was für dich wichtig ist – beispielsweise seine Teilnahme, weil seine Expertise dort benötigt wird. Die Selbstbestimmung kannst du ihm dabei geben, indem du ihn fragst, was er braucht, um an dem Termin teilnehmen zu können. Was ist für ihn wichtig? Was ist seine Grenze, bei der er sagt, dass der Termin nicht mehr haltbar ist?

So kannst du ihn achtsam einladen, peu à peu mal etwas anders zu machen als sonst und sich auf das wir einzulassen. Es wird dir bei deiner Arbeit mit Menschen helfen, das Abgrenzungsverhalten einordnen zu können. Zum einen hilft es dir dabei, das Verhalten deines Gegenübers nicht persönlich zu nehmen, und zum anderen wirst du über das Verständnis darüber einen klaren Umgang mit dem Menschen finden und besser auf ihn eingehen können.

5.3 Resonanz und Verbindung bieten

Die Beziehung zwischen Führungskraft/Coach und dem einzelnen Menschen ist die elementarste Säule der psychologisch sicheren Führung oder Begleitung. Das Wort Beziehung umschreibt im optimalen Fall Verbindung und Verbundenheit.

Gefühle und zwischenmenschliche Themen waren bis vor einigen Jahren in der Wirtschaft noch tabu – und sind es in einigen Bereichen immer noch. Von Beziehungen im Wirtschaftskontext zu schreiben, wäre vor ein paar Jahren noch undenkbar gewesen. Dabei ist dieses Thema in meinen Augen das wichtigste, wenn es darum geht, Menschen darin zu unterstützen, ihr Potenzial zu leben und mit Herzblut bei der Sache zu sein.

Ich habe selbst in vielen Führungskräfteprogrammen gesessen und verschiedenste Methoden bezüglich Führung gelernt. Da wurden Mitarbeitende in Farbschemata eingeteilt (das sogenannte DiSG-Modell) oder ich lernte die Inhalte zu den fünf Führungsstilen von autokratisch bis laissez faire.

Das Wichtigste kam dort allerdings nie vor: die Frage, wie man mit Menschen Verbindung in Form von echter Verbundenheit aufbauen kann. Und das im Businesskontext.

Hier nachhaltig zu arbeiten, erfordert Reflexion des eigenen Verhaltens und den Blick auf die eigene Bindungsfähigkeit:

- Kannst du Nähe und Verletzlichkeit zulassen?
- Ist das bei dir kontextabhängig?
- Gibt es Menschen, bei denen es dir schwerer fällt als bei anderen?
- Was bedeutet Verbundenheit für dich?
- Verbundenheit im Unternehmenskontext – was löst der Gedanke bei dir aus?

5.3.1 Wieso ist bindungsorientiertes Arbeiten so wichtig?

» Safety is not the absence of threat. It is the presence of connection.«

Dr. Gabor Maté (Dokumentation »The Wisdom of Trauma«)

Sichere Bindung ist das stabile Fundament unserer Persönlichkeit. Wir können uns nur weiterentwickeln, wenn wir angstfrei sind und uns sicher gebunden fühlen. Das beginnt schon im Mutterleib.

Auch darüber hinaus benötigen wir ein breites Spektrum an Herausforderungen, damit sich die Verschaltungen in unserem Gehirn ausbauen und festigen können (Gebauer/Hüther 2004). Um diese Herausforderungen nicht als Bedrohung wahrzunehmen, benötigen Kinder ein Gefühl von Sicherheit und Geborgenheit. Beides gibt es nur in Beziehungen, tiefer Verbundenheit zu anderen Menschen.

»Es sind die frühen, in diesen Beziehungen gemachten und im kindlichen Hirn verankerten psychosozialen Erfahrungen, die seine weitere Entwicklung bestimmen und sein Fühlen, Denken und Handeln fortan lenken.«

Gerald Hüther

Wie im zweiten Kapitel zum Thema Neuroplastizität bereits erläutert, ist der Mensch das einzige Lebewesen, dessen Gehirn nicht nur in der Zeit der Hirnentwicklung formbar ist, sondern zeitlebens. Es kann sich aber nur das formen, was beansprucht und wofür das Gehirn eingesetzt wird. Wenn du dich beispielsweise dafür entscheidest, dein Gehirn immer wieder nur für die gleichen Dinge zu benutzen, passen sich die Verschachtelungen deiner Nervenzellen dem an. Das Ergebnis davon wird sein, dass du dabei immer besser wirst. Allerdings wird es dir immer schwerer fallen, etwas einmal anders zu tun oder zu denken. Wer das vermeiden will, der muss versuchen, sein Gehirn umfassender zu nutzen. Nur so kann er seine genetisch vorhandenen Möglichkeiten zur Ausbildung und Festigung vieler kleiner, unterschiedlicher Nervenzellverbindungen auch wirklich ausschöpfen (Gebauer/Hüther 2004).

Das, was für dich gilt, gilt natürlich auch für jeden anderen Menschen. Auch für die, die in deinen Teams sitzen. Es erklärt, warum viele Menschen gerne Spezialisten auf ihrem Gebiet sind und sich schwertun, mal etwas Neues auszuprobieren: Sie müssten neue Wege im Gehirn einschlagen und wegkommen von ihren Autobahnen im Kopf. Das kann sich nicht nur unbequem anfühlen, sondern auch Angst machen – je nach kindlicher Prägung.

Um also etwas Neues zu machen, benötigen wir das Gefühl von Sicherheit, und da ticken wir wie die Babys und Kleinkinder: Verbindung ist hier der Schlüssel. Das Großartige an diesem Schlüssel ist, dass er ein Universalschlüssel und dabei individuell anpassbar ist. Denn psychologische Sicherheit ist eben ein subjektives Empfinden. Jeder Mensch braucht etwas anderes, um sich wirklich sicher in seiner Umgebung zu fühlen. Hier baut das In-Verbindung-Gehen die Brücke.

All das bedeutet für uns in der Begleitung, dass wir zum einen als stabile Bindungspersonen zur Verfügung stehen sollten (im Rahmen der Arbeitsbeziehung) und die Unsicherheiten der Menschen, mit denen wir arbeiten, gesehen werden. Damit kann bei manchen Menschen überhaupt erst Ausprobieren möglich werden. Bei diesen Menschen sollte der Beziehungsaufbau nicht nur eine Vorbereitung, sondern eine wesentliche Intervention und Teil der Führung sein.

Es mag sich absurd anhören, aber es kann sein, dass du tatsächlich der erste Mensch für einen Mitarbeiter oder Klienten bist, mit dem eine sichere Bindungserfahrung möglich ist. Das ist von unschätzbarem Wert und bedarf einer klaren Bewusstheit. All die Grundsätze unserer psychologisch sicheren Begleitung tragen hierzu einen wesentlichen Teil bei.

5.3.2 Bindungsorientiertes Führen

Bindungsorientiertes Führen bedeutet, eine sichere Person zu sein, die Sicherheit vermittelt.

Eine sichere Person ist:

- emotional erreichbar,
- wohlwollend zugewandt,
- präsent,
- verständnisvoll,
- co-regulierend,
- zuverlässig,
- berechenbar und klar,
- feinfühlig,
- achtsam und liebevoll,
- transparent,
- aufrichtig für den anderen,
- jemand, der ein reguliertes Nervensystem hat und Sicherheit ausstrahlt.

Da du vermutlich genauso wenig wie ich ein übernatürliches Wesen bist, sollte das nicht ein Anspruch sein, der bei dir Druck erzeugt, sondern deine klare innere Ausrichtung.

Gerade weil wir alle unsere eigenen Themen haben und viele innere Anteile, ist es wichtig, dass wir ein solides »Meta-Ebenen-Selbst«, »Coach-Selbst« oder »Führungskraft-Selbst« entwickeln.

Je solider dieser Anteil ist, desto besser kann er in der Führung sein. Damit du Sicherheit vermitteln kannst, ist es wichtig, dass du diese Sicherheit auch in dir hast: Du bist das wichtigste Werkzeug, um Teams und einzelnen Menschen den Weg in die psychologische Sicherheit zu ebnen.

»

Psychologische Sicherheit ist der Zustand, in dem Teammitglieder miteinander in Verbindung gehen und aus diesem Miteinander agieren.

«

Erinnere dich an dieser Stelle noch einmal an das Stresstoleranzfenster und daran, dass, wenn Menschen in Not geraten und sich allein nicht schützen können, sie die Fähigkeit rettet, sich an jemanden zu binden, der es kann!

Für manche Menschen kann es auch im beruflichen Umfeld Situationen geben, in denen sie sich so hilflos fühlen, dass sie genau diese Person benötigen, die ihnen anfangs den Halt gibt, um sich selbst wieder in eine sichere Ausgangslage zu bringen.

Du kannst dieser Anker sein.

5.3.3 Deine Haltung

Um dieser sichere Anker sein zu können, ist es wichtig, eine klare Haltung zu haben, in der es darum geht, anderen Menschen auf Augenhöhe zu begegnen. Immer, egal in welchem Kontext. Egal, ob du Führungskraft, Coach oder Berater bist, gehe nie davon aus, dass du mehr über die Menschen weißt, die vor dir sitzen, als sie es selbst tun. Du kannst Hypothesen in deinem Kopf haben, aber bleibe dabei offen und neugierig und stelle dich niemals über deine Mitarbeitenden oder Klienten, weil du denkst, dass du etwas siehst, was dein Gegenüber noch nicht sieht.

Augenhöhe umschreibt, dass wir uns in der psychologisch sicheren Begleitung als Team verstehen und dass wir uns als Begleiter bewusst sind, dass wir von unseren Teammitgliedern oder Klienten (über sie) lernen. Wir haben Wissen, aber wir wissen nicht besser. Indem wir unser Wissen auf feinfühlige und fachlich sinnvolle Art teilen, ermächtigen wir die Menschen, die wir begleiten oder führen.

Der zweite wesentliche Aspekt einer Haltung, die auf eine sichere Bindung einzahlt, ist der, dass du deinen Fokus auf die Ressourcen eines jeden Menschen legst. Du suchst förmlich den Diamanten in ihm. Denn auch in Menschen, die ängstlich sind und sich Dinge nicht zutrauen, steckt ein starker Wesenskern, der sie dorthin gebracht hat, wo sie jetzt stehen. Jeder Mensch trägt eine Vielzahl an Ressourcen und Stärken in sich. Manchmal sind diese Anteile über den Lebensweg in Vergessenheit geraten und der Zugang zu ihnen ist verloren gegangen. Du als psychologisch sichere Führungskraft, Coach oder Berater kannst dabei unterstützen, dass diese Menschen den Zugang zu ihren Ressourcen wiederfinden, denn dadurch entsteht eine innere Sicherheit, über die Menschen ihr Potenzial leben können.

Dieser ressourcenorientierte Blick erlaubt es uns, unsicheren Teammitgliedern oder Klienten etwas zuzutrauen und ihre Kraft zu sehen. Darüber fördern wir sie, denn wenn wir an sie glauben und daran, dass es besser werden kann, fördern wir die Kraft zur Veränderung.

Wohlwollen ist ein weiterer wichtiger Schlüssel für die psychologisch sichere Begleitung. Die Haltung des Wohlwollens ermöglicht es uns, einem anderen Menschen jenseits von Urteil und Bewertung zu begegnen. Wohlwollend zu sein ermöglicht es, eigene Konzepte von Gut und Schlecht, Schwarz und Weiß, Richtig und Falsch beiseitezustellen. Wohlwollen ist eine gütige und verbindende Energie, die Vertrauen stiftet. Dies ist sehr hilfreich, damit kein Druck entsteht und die Menschen, die wir begleiten, sich angenommen fühlen können.

Es ist nicht nur unsere Aufgabe, den Menschen gegenüber wohlwollend zu sein, sondern ebenso, sie selbst in die Haltung des Wohlwollens einzuladen. Es kann ein absoluter Gamechanger sein, wenn die inneren Kreisläufe der Selbstabwertung und Selbstverurteilung sich lösen. Dazu trägt Wohlwollen ebenso bei wie Verständnis und Erkenntnis.

Mit dieser Haltung und der Arbeit an deiner eigenen inneren Sicherheit wirst du als Führungskraft, Coach und Begleiter einen elementaren Unterschied machen. Du wirst für sichere Verbindungen sorgen. Nicht nur im Eins-zu-eins mit dir, sondern auch zwischen den Menschen, die bei dir beispielsweise in einem Team zusammenarbeiten.

Diese Verbindungen zahlen sich weit über den beruflichen Kontext hinaus aus: In der sogenannten Harvard Study of Adult Development (Mineo 2017) wurden die Leben von über zweitausend Personen über achtzig Jahre lang untersucht. Es ging dabei um die Frage, was Menschen glücklich macht. Das ist ein äußerst komplexes Unterfangen, denn ein glückliches Leben ist nicht von einem singulären Faktor abhängig. Eine ganze Reihe von Rahmenbedingungen müssen dafür stimmen: die sozioökonomische Situation, gesellschaftliche Anerkennung, Gesundheit und Beziehungen. Überraschend hat sich aber dennoch ein einziger Faktor bei der Harvard-Studie als eindeutig am wichtigsten herausgestellt: gute Beziehungen. Damit waren nicht nur Paarbeziehungen gemeint, sondern auch Freundschaften, Familie sowie Kolleginnen und Kollegen.

5.4 Werkzeuge und Übungen, um ein sicherer Begleiter zu sein

In diesem Kapitel gebe ich dir eine Handvoll sehr wertvoller Methoden und Werkzeuge mit, die dir dazu dienen sollen, dich in deiner inneren Sicherheit zu festigen, sodass du den Menschen Halt geben kannst, die du begleitest oder führst.

Natürlich kannst du diese Werkzeuge auch im Eins-zu-eins mit anderen Menschen anwenden oder sie so abwandeln, dass du sie in deinem Arbeitskontext nutzen kannst. Sei kreativ und vertraue auf deine Intuition und die Verbindung zu den Menschen.

Einsteigen möchte ich mit Fragen, die darauf abzielen, dich in deiner Rolle als psychologisch sicherer Begleiter zu reflektieren. Werte sind dabei etwas Wichtiges und helfen uns, dem Weg zu folgen, der unserem Innern entspricht.

REFLEXIONSFRAGEN

Welche Werte sind für dich in Bezug auf deine Rolle als psychologisch sicherer Begleiter wichtig?

Welche Werte unterstützen dich dabei, dass es dir selbst auf diesem Weg gut geht?

Wenn du einige Kernwerte gesammelt hast, tauch gerne noch etwas tiefer ein und frage dich, welche Wirkung die einzelnen Werte jeweils entfalten.

5.4.1 Hand-Faust-Übung

(von Stacy Haynes und übermittelt von Verena König)

Diese Übung kannst du zu zweit oder allein machen.

Mache eine Faust.

Vorstellung: Die Aufgabe der Faust ist es, für Sicherheit zu sorgen, indem sie zubleibt.

Aufgabe: Versuche nun, mit der anderen Hand, die Faust zu öffnen. Oder die andere Person versucht es.

Beobachte, wie es sich anfühlt (auf beiden Seiten)

--- Pause ---

Mache wieder eine Faust.

Aufgabe: Versuche jetzt, mit der anderen Hand mit Mitgefühl und Wohlwollen zu unterstützen, und halte die Faust von unten.

Denke oder sprich etwas aus wie: Du machst das super und es ist so schlau, wie du das Innere schützen und ihm Sicherheit geben willst. Es ergibt so viel Sinn, was du tust. Du machst einen wichtigen Job. Ich erwarte nichts von dir. Ich bin da für dich ...

Beobachte, wie es sich anfühlt (auf beiden Seiten).

Resümiere für dich oder resümiert miteinander.

5.4.2 Ressourcenarbeit

Ressourcen sind etwas, aus dem wir Kraft schöpfen, das uns antreibt und uns auch Zeiten, die besonders herausfordernd sind, überstehen lässt. Sie sind immer da, im Außen und in unserem Inneren. Innere Ressourcen sind deine Eigenschaften, Fähigkeiten, Stärken, Visionen und Ziele. Es können auch positive Erinnerungen, Stimmungen und Gefühle sein. Äußere Ressourcen sind Dinge, die außerhalb von uns selbst existieren, wie die Natur, Musik, sinnliche Genüsse oder Hobbys. Zudem zählen auch die Verbindungen dazu, die stärkend sind: Freunde, Familie, Kollegen oder Nachbarn.

Wir vergessen nur zu leicht, dass wir all diese stärkenden Elemente in und um uns herum haben. Manchen Menschen sind sie häufig nicht einmal bewusst. Das Erkennen, Aktivieren und Pflegen dieser Ressourcen ist essenziell, denn unsere Ressourcen sind die Brücken zu Verbundenheit, Lebendigkeit, Lebensfreude, Kraft, Zuversicht, Kreativität und Motivation. Allerdings können Ressourcen nur so stärkend sein, wie man sie fühlt. Ein rein kognitives Bewusstmachen reicht dabei nicht.

Daher lade ich dich ein, folgende Übung einmal für dich zu machen:
Beschreibe eine Ressource von dir, erzähle einer anderen Person davon oder schreibe es auf. Beschreibe dabei, warum du sie schätzt. Vielleicht kannst du auch eine schöne Situation mit dieser Ressource beschreiben.

Und jetzt beginne in dich hineinzuspüren:

- Wenn du dich bewusst mit dieser Ressource verbindest, wie fühlst du dich dann?
- Wenn die Ressource eine Farbe hätte, was wäre das für eine Farbe?
- Welche Qualität steckt/schwingt in dieser Farbe (das kann alles sein)?
- Wenn diese Ressource im Körper spürbar wäre, wo wäre das?
- Wie fühlt sich diese Stelle im Körper an? (Bleibe bei der Körperempfindung, zum Beispiel kribbelnd, warm, fließend, weit, pulsierend, kraftvoll, schwer, dicht, fest.)

- Wie wäre es, wenn du diese Qualität in deinem Körper ausdehnen würdest, indem du dir vorstellst, die Farbe sanft immer weiter auszudehnen und in deinem Körper zu verteilen?

Finde zum Abschluss noch einen Satz über dich, der zu dieser Ressource passt. Zum Beispiel: Ich finde immer eine Lösung. Ich kann mich auf mich verlassen ...

Ein ressourcenorientierter Blick ist auch in deiner Arbeit als psychologisch sicherer Begleiter wichtig und wertvoll. Damit meine ich, dass du nicht nur den Blick für deine eigenen Ressourcen öffnest, sondern auch für die Ressourcen der Menschen und Teams, die du begleitest.

Hierzu ein kleines Experiment (übernommen von Verena König): Du kannst dieses Experiment allein machen, zum Beispiel wenn du dich in ein Café setzt.

- Schau eine andere Person an.
- Fokussiere dich innerlich auf ihre Wunden, verletzten Anteile, Defizite ...
- Beobachte, was du fühlst (Körper, Gedanken, Emotionen).
- Dann fokussiere dich innerlich auf das Unversehrte in ihr, ihre Kraft, ihr Leuchten, das all das überstrahlt.
- Beobachte, was du fühlst.
- Notiere deine Beobachtungen.

5.4.3 Nervensystem-Mapping

Wenn du das Nervensystem anderer Menschen lesen kannst, wird es dir viel leichter fallen, die geeigneten Interventionen für den einzelnen Menschen oder das Team zu finden. Dein Methodenkoffer ist sicherlich voll und doch fällt es dir vielleicht in Situationen schwer, die passende Intervention auszupacken, gerade dann, wenn ungeplante Dinge passieren oder deine Teammitglieder emotional werden.

Um das Nervensystem lesen zu können, kann man in einem ersten Schritt bei sich anfangen. Das übt nicht nur, sondern zahlt auch auf das Konto der Selbstreflexion und den Zustand des »Sicherer-Begleiter-sein« ein. Ebenso ist es grundlegend hilfreich zu wissen, wie wir gewisse Nervensystemzustände beenden und andere herbeiführen können.

Mit dem Bewusstsein über diese beiden Faktoren können wir immer mehr Selbstwirksamkeit entwickeln. Dafür gibt es eine großartige Übung, mit deren Hilfe wir uns selbst leicht und schnell orientieren und bewusst Wege wählen können. Diese Übung wird dir auch dabei helfen, das Wissen aus den ersten beiden Kapiteln einmal in die Praxis zu übersetzen und damit aus dem rein kognitiven Wissen eine Lernerfahrung zu gestalten.

Ich lade dich ein, anhand der Illustration ein paar Listen anzulegen. Auf der linken Seite erforschst du die Zustände, auf der rechten Seite schreibst du deine Ressourcen zur Veränderung beziehungsweise Stärkung der Zustände. Es lohnt sich enorm, ein genaues und detailliertes Nervensystem-Mapping zu erstellen, da es dir sehr viel Einblick verschafft und du davon profitieren wirst. Reflektiere im Nachgang deine Ergebnisse und Erkenntnisse. An welchen Stellen ist es dir schwergefallen? An welchen leicht?

Frage dich auch, wo du dich im Alltag überwiegend aufhältst oder was deine Tendenzen bei Stress sind, sodass du besonders die Ressourcen in den Fokus nehmen und nutzen kannst, die dir helfen, hier mehr Balance zu kreieren.

12 | **Nervensystem-Mapping**

(angelehnt an die Polyvagale Leiter von Deb Dana)

Körpergefühl:
....
....

Gedanken und Überzeugungen über dich und die Welt:
....
....

Auslöser für diesen Zustand:
....
....

Sympathikus ist aktiv

- Das Hier und Jetzt ist gefährlich
- Überlebensreaktionen: Kampf oder Flucht

Was hilft mir aus diesem Zustand heraus?
....
....

Alleine:
....
....

Mit Hilfe anderer:
....
....

Körpergefühl:
....
....

Gedanken und Überzeugungen über dich und die Welt:
....
....

Auslöser für diesen Zustand:
....
....

Ventraler Vagus ist aktiv

- Das Hier und Jetzt ist sicher
- Soziale Verbundenheit

Was hilft mir in diesen Zustand zu gelangen?
....
....

Alleine:
....
....

Mit Hilfe anderer:
....
....

Körpergefühl:
....
....

Gedanken und Überzeugungen über dich und die Welt:
....
....

Auslöser für diesen Zustand:
....
....

Dorsaler Vagus ist aktiv

- Das Hier und Jetzt ist gefährlich
- Überlebensreaktionen: Immobilität

Was hilft mir aus diesem Zustand heraus?
....
....

Alleine:
....
....

Mit Hilfe anderer:
....
....

5.4.4 Allergietest

Da jeder Coach und jede Führungskraft Themen hat, sollten wir uns dieser ausreichend bewusst sein, sodass wir in der begleitenden Rolle nicht getriggert werden und etwas auf die Menschen projizieren, mit denen wir arbeiten. Selbstreflexion ist in meinen Augen eine Pflicht für Menschen, die Menschen begleiten wollen.

Diese Übung dient der Selbstreflexion von eigenen Triggerpunkten, die möglicherweise störend wirken könnten. Um klar und stabil begleiten zu können, lade ich dich ein, immer wieder einmal diese Art Reflexion zu vollziehen – sieh es als eine Art jährliche Inspektion.

Schritt 1: Klarheit über eigene Bedürfnisse finden

Offene Fragen / Brainstorming:

- Was schätzt du an einer Begegnung? (Wie muss sie ablaufen, damit du sie genießen kannst?)
- Was brauchst du, um dich in einer Beziehung (gleich welcher Art) wohlzufühlen?

Stichworte notieren, um diese Klarheit festzuhalten.

Schritt 2: Klarheit über »Allergene« finden

In diesem Schritt ist es wichtig, einzelne Allergene (deine Trigger) genauer zu betrachten. Als Erstes frage dich, welche Verhaltensweisen oder Signale dich in einer Begegnung, einer Beziehung stören? Was kann dich auf die Palme bringen? Worauf reagierst du allergisch? Darüber erhältst du eine Übersicht deiner Triggerpunkte.

Als Nächstes können die folgenden Fragen für jeden einzelnen dieser Störfaktoren separat durchgegangen werden:

- Was gibt dir das für ein Gefühl?
- Wie fühlt sich das im Körper an?
- Welches Bedürfnis wird dabei übergangen?

- Woher kennst du das vielleicht schon? Welche alte Verletzung in dir könnte dadurch angesprochen sein?
- Wie kann dir diese Erkenntnis hilfreich sein? Welche Ressource hilft dabei?

Schritt 3: Reflektieren

- Gibt es einen roten Faden bei den Allergenen?
- Gibt es ein Grundbedürfnis, das darin schwingt?
- Was könnte helfen, die ursprüngliche Verletzung zu heilen?
- Solange du noch allergisch bist, welche Strategie kann helfen oder worauf kannst du zurückgreifen, wenn du getriggert wirst? Welche Ressourcen helfen hier?

5.5 Essenz

Um ein psychologisch sicheres Umfeld zu kreieren, in dem sich Menschen sicher fühlen und entwickeln können, braucht es Führungskräfte, Unternehmer und Coaches, die sichere Begleiter sind.

Sichere Begleiter sind Menschen, die ihre eigene Sicherheit in sich gefunden haben, sich ihrer selbst bewusst sind, in Verbindung gehen können und das Hintergrundwissen haben, das es braucht, um Strukturen und Prozesse psychologisch sicher aufzubauen.

6. Zum guten Schluss

Zum guten Schluss fühle ich vor allem eins: Dankbarkeit.
Dafür, dass ich die Möglichkeit habe, über dieses Buch mein Herzensthema in die Welt zu senden: Psychologische Sicherheit kann die Gesellschaft positiv verändern. In jedem Bereich.

Den Anfang macht jeder einzelne für sich. Wenn die Menschen daran arbeiten, in sich die Sicherheit und Ruhe zu finden, die sie im Außen nicht haben, zahlt dies auf ein besseres Miteinander ein, da sie aus dieser inneren Sicherheit heraus miteinander in Kontakt gehen. Ich spreche dabei aus eigener Erfahrung. Ich war vor zehn Jahren noch nicht die selbstsichere Person, die ich heute bin. Die Arbeit an mir hat mich dorthin gebracht, wo ich jetzt stehe. Und nur aus diesem sicheren Stand heraus kann ich andere Menschen und Teams darin begleiten, dass sie selber diese Sicherheit spüren und sich daraus weiterentwickeln und ihr Potenzial entfalten können. Das alles hätte ich alleine nicht geschafft.

Ich habe das große Glück, wunderbare Menschen im Laufe meines Lebens kennengelernt zu haben. Menschen, die mich ausgebildet und mir als Mentorinnen beiseite standen. Und dann sind es meine Freunde, die mir ein psychologisch sicheres Umfeld geben und mit denen ich, ich sein kann. Die mir immer zuhören und für mich da sind. Danke Vanessa für dein Zur-Seite-Stehen in meinen herausforderndsten Zeiten.

Das Leben ist ein Geschenk – danke Mama und Papa, dass ich das erfahren darf und für euer Da-Sein.

In dieser Auflage nun auch ein Dank an mich. Dafür, dass ich immer den Blick auf das Positive im Leben behalte – selbst dann, wenn es mich extrem herausfordert.

Enden soll dieses Buch mit den beiden Menschen, denen es gewidmet ist: Felix und Mio, ich liebe euch über alles und ich hoffe, dass es mir gelingt, dass ihr das immer spürt.

Literaturverzeichnis

Florentine Anders (2020): Stressfaktor: Was hilft gegen Lärm in der Schule? Aktualisiert am 7. Juli 2020. https://deutsches-schulportal.de/schulkultur/was-hilft-gegen-laerm-in-der-schule, abgerufen am 13. Juni 2023.

Rolf Arnold und Anita Pachmer (2013): Emotion – Konstruktion – Bildung. Auf dem Weg zu emotionaler Kompetenz. In: Bernd Käpplinger, Steffi Robak, Sabine Schmidt-Lauff: Engagement für die Erwachsenenbildung. Ethische Bezugnahmen und demokratische Verantwortung. Festschrift für Wiltrud Gieseke. 21–28. Springer VS, Wiesbaden. https://download.e-bookshelf.de/download/0003/9504/66/L-G-0003950466-0013326800.pdf, abgerufen am 13. Juni 2023.

Bernhard Badura, Antje Ducki, Markus Meyer und Helmut Schröder (Hrsg.) (2022): Fehlzeiten-Report 2022. Verantwortung und Gesundheit. Springer, Heidelberg.

Joachim Bauer (2022): Wie wir werden, wer wir sind: Die Entstehung des menschlichen Selbst durch Resonanz. Heyne, München.

Joachim Bauer (2008): Lob der Schule. Sieben Perspektiven für Schüler, Lehrer und Eltern. Heyne, München.

Cleo Becker und Eberhard Huber (2008): Die Bilanz des (Miss)-Erfolges in IT-Projekten: Harte Fakten und weiche Faktoren. Pentaeder blue paper 2008. http://projekte.pentaeder.de/wp-content/uploads/pbp_2008_01_bilanz_des_misserfolgs_in_it_projekten_harte_fakten_weiche_faktoren.pdf, abgerufen am 13. Juni 2023.

Klaus Bernhardt (2017): Panikattacken und andere Angststörungen loswerden: Wie die Hirnforschung hilft, Angst und Panik für immer zu besiegen. Ariston, Hechingen.

Hans-Peter Blossfeld et al. für die Vereinigung der Bayerischen Wirtschaft e. V. (Hrsg.) (2014): Psychische Belastungen und Burnout beim Bildungspersonal: Empfehlungen zur Kompetenz- und Organisationsentwicklung. Gutachten. https://www.aktionsrat-bildung.de/fileadmin/Dokumente/ARB_Gutachten_Burnout.pdf, abgerufen am 13. Juni 2023.

Jürgen Brunner (2017): Psychotherapie und Neurobiologie. Neurowissenschaftliche Erkenntnisse für die psychotherapeutische Praxis. Kohlhammer, Stuttgart.

Bundesministerium für Gesundheit (2022): Gesund leben. Stress: Auswirkungen auf Körper und Psyche. https://gesund.bund.de/stress, abgerufen am 13. Juni 2023.

Bundeszentrale für gesundheitliche Aufklärung (2023): Auf dem Weg zum Ich: Selbstwahrnehmung und Ich-Entwicklung beim Kind. https://www.kindergesundheit-info.de/themen/entwicklung/entwicklungsschritte/geistige-entwicklung/ich-entwicklung/#:~:text=Gegen%20Ende%20seines%20zweiten%20Lebensjahres,meist%20noch%20einige%20Monate%20dauern, abgerufen am 13. Juni 2023.

John T. und Stephanie Cacioppo (2014): Social relationships and health. The toxic effects of perceived social isolation. Social and Personality Psychology Compass, 8(2), 58–72. https://doi.org/10.1111/spc3.12087, abgerufen am 13. Juni 2023.

Dami Charf (2020): Die 3 Quellen echten Lebensglücks. Was wirklich wichtig ist für ein erfülltes Leben. Gräfe und Unzer, München.

Collaborative for Academic, Social, and Emotional Learning (CASEL). (n.d.): https://casel.org, abgerufen am 13. Juni 2023.

Deb Dana (2018): Die Polyvagaltheorie in der Therapie. Den Rhythmus der Regulation nutzen. Probst, Lichtenau.

Hanna Drimalla (2018): Gedächtnis unter Strom. https://www.dasgehirn.info/denken/gedaechtnis/gedaechtnis-unter-strom, abgerufen am 13. Juni 2023.

Alaine D. Duncan und Kathy L. Kain (2019): The Tao of Trauma. A Practitioner's Guide for Integrating Five Element Theory and Trauma Treatment. North Atlantic Books, Berkeley, Kalifornien, USA.

Amy C. Edmondson (2020): Die angstfreie Organisation. Wie Sie psychologische Sicherheit am Arbeitsplatz für mehr Entwicklung, Lernen und Innovation schaffen. Vahlen, München.

Peter Fonagy und Maren Klostermann (Übersetzerin) (2018): Bindungstheorie und Psychoanalyse. Klett-Cotta, Stuttgart.

Kai Fritzsche (2013): Praxis der Ego-State-Therapie. Carl-Auer, Heidelberg.

Kai Fritzsche, Woltemade Hartman (2010): Einführung in die Ego-State-Therapie. Carl-Auer, Heidelberg.

Gallup (2022): Engagement Index 2022, Deutschland.

Karl Gebauer und Gerald Hüther (Hrsg.) (2004): Kinder brauchen Wurzeln. Neue Perspektiven für eine gelingende Entwicklung. Walter, Olten, Schweiz.

Karin und Klaus Grossmann (2012): Bindungen – das Gefüge psychischer Sicherheit. Klett-Cotta, Stuttgart.

Susanne Habetha et al. (2012) für Institut für Gesundheits-System-Forschung GmbH (Hrsg.): Deutsche Traumafolgekostenstudie, https://dgfpi.de/tl_files/pdf/medien/2015-04-09_Publikat_Deutsche_Traumafolgekostenstudie_final_2.pdf, abgerufen am 22. Juni 2023.

Johann Hari (2017): Drogen. Die Geschichte eines langen Krieges. Fischer, Frankfurt am Main.

Christin Haselbeck (2012): Fötale Programmierung. Der Einfluss von pränatalem Stress auf Entwicklung, Temperament und HHNR-Achsen-Funktion des Säuglings – eine prospektive Studie. Dissertation zur Erlangung des Doktorgrades der Philosophischen Fakultät der Christian-Albrechts-Universität zu Kiel. https://macau.uni-kiel.de/servlets/MCRFileNodeServlet/dissertation_derivate_00004647/Foetale_Programmierung.pdf, abgerufen am 13. Juni 2023.

Laurence Heller und Angelika Doerne (2020): Befreiung von Scham und Schuld. Alte Überlebensstrategien auflösen und Lebenskraft gewinnen. Das Neuroaffektive Beziehungsmodell – NARM™. Kösel, München.

Laurence Heller und Aline LaPierre (2013): Entwicklungstrauma heilen. Alte Überlebensstrategien lösen – Selbstregulierung und Beziehungsfähigkeit stärken - Das Neuroaffektive Beziehungsmodell zur Traumaheilung NARM™ Kösel, München.

Judith Lewis Herman (1992): Die Narben der Gewalt. Traumatische Erfahrungen verstehen und überwinden. Junfermann, Paderborn.

David Howe (2015): Bindung über die Lebensspanne. Grundlagen und Konzepte der Bindungstheorie. Junfermann, Paderborn.

Michaela Huber (2003/2020): Trauma und die Folgen. Trauma und Traumabehandlung, Teil 1. Junfermann, Paderborn.

Michaela Huber (2003): Wege der Traumabehandlung. Trauma und Traumabehandlung, Teil 2. Junfermann, Paderborn.

Gerald Hüther (2020): Wege aus der Angst. Über die Kunst, die Unvorhersehbarkeit des Lebens anzunehmen. Vandenhoeck & Ruprecht, Göttingen.

Gerald Hüther (2018): Biologie der Angst. Wie aus Streß Gefühle werden (Sammlung Vandenhoeck). Vandenhoeck & Ruprecht, Göttingen.

Gerald Hüther (2013): Was wir sind und was wir sein könnten. Ein neurobiologischer Mutmacher. Fischer, Frankfurt am Main.

Gerald Hüther (2013): Jedes Kind ist hochbegabt. Die angeborenen Talente unserer Kinder und was wir aus ihnen machen. btb, München.

Institute for Economics and Peace (2022): Global Peace Index 2022: Measuring Peace in a Complex World, Sydney, June 2022.

Oriella Kahn (2015): Bindungstheorie und Bindungsstörung nach John Bowlby und Mary Ainsworth. Studienarbeit: Wie Kinder sich an Bezugspersonen binden. Swopdoc, Nußdorf-Debant, Österreich.

Kathy L. Kain und Stephen J. Terrell (2020): Bindung, Regulation und Resilienz. Körperorientierte Therapie des Entwicklungstraumas. Junfermann, Paderborn.

Kathy L. Kain und Stephen J. Terrell (2018): Nurturing Resilience. Helping Clients Move Forward from Developmental Trauma. An Integrative Somatic Approach. North Atlantic Books, Berkeley, Kalifornien, USA.

Harald Kamps (2017): Arzt-Patienten-Beziehung. Placebo als Resonanz. Deutsches Ärzteblatt 114(48), A-2262 / B-1899 / C-1853. https://www.aerzteblatt.de/archiv/195032/Arzt-Patienten-Beziehung-Placebo-als-Resonanz, abgerufen am 13. Juni 2023.

Robin Karr-Morse und Meredith S. Wiley (2012): Sich krank fürchten. Welche Rolle Kindheitstraumata für Erkrankungen im Erwachsenenalter spielen. Junfermann, Paderborn.

Bernd Käpplinger, Steffi Robak und Sabine Schmidt-Lauff (2013): Engagement für die Erwachsenenbildung. Ethische Bezugnahmen und demokratische Verantwortung. Springer VS, Wiesbaden.

Dean G. Kilpatrick, Heidi S. Resnick, Melissa E. Milanak, Mark W. Miller, Katherine M. Keyes und Matthew J. Friedman. (2013): National estimates of exposure to traumatic events and PTSD prevalence using DSM-IV and DSM-5 criteria. Journal of Traumatic Stress, 26(5), 537–547.

Verena König (2021): Bin ich traumatisiert? Wie wir die immer gleichen Problemschleifen verlassen. Gräfe und Unzer, München.

Michael Kühl-Lenjer (2021): Lernen mit Hirn: Neurodidaktische Impulse für eine gehirngerechte Aus- und Weiterbildung. BusinessVillage, Göttingen.

Peter A. Levine (2010): Sprache ohne Worte. Wie unser Körper Trauma verarbeitet und uns in die innere Balance zurückführt. Kösel, München.

Marika Liebsch (2019): Mobbing in der Schule. https://www.planet-wissen.de/gesellschaft/kommunikation/konflikte/pwiemobbinginderschule100.html, abgerufen am 13. Juni 2023.

Gabor Maté (2021): Im Reich der hungrigen Geister. Auf Tuchfühlung mit der Sucht. Stimmen aus Forschung, Praxis und Gesellschaft. Unimedica, Kandern.

Liz Mineo (2017): Good genes are nice, but joy is better. The Harvard Gazette. https://news.harvard.edu/gazette/story/2017/04/over-nearly-80-years-harvard-study-has-been-showing-how-to-live-a-healthy-and-happy-life, abgerufen am 13. Juni 2023.

Gillian Orr (2014): Britain has been voted the loneliness capital of Europe – so how did we become so isolated? https://www.independent.co.uk/life-style/health-and-families/features/britain-has-been-voted-the-loneliness-capital-of-europe-so-how-did-we-become-so-isolated-9566617.html, abgerufen am 13. Juni 2023.

Jochen Peichl (2010): Jedes Ich ist viele Teile. Die inneren Selbst-Anteile als Ressource nutzen. Aktualisierte und erweiterte Neuausgabe, Kösel, München.

Trisha Petitte, Jennifer Mallow, Emily Barnes, Ashley Petrone, Taura Barr und Laurie Theeke (2015): A systematic review of loneliness and common chronic physical conditions in adults. Open Psychology Journal, 8 (Suppl. 02), 113–132.

Kristina Pezzei (2010): Hochstapler-Syndrom. Frauen im Chefsessel – Fehlanzeige. Süddeutsche Zeitung. https://www.sueddeutsche.de/karriere/hochstapler-syndrom-das-hab-ich-nicht-verdient-1.442247-2, abgerufen am 13. Juni 2023.

Diane Poole Heller (2020): Tief verbunden. Wie wir alte Bindungsmuster auflösen und dauerhafte Partnerschaften eingehen. Kösel, München.

Mark Poppenborg (2023): Zwischen Boni und Insektenhotels. Eine befreiende Kindergeschichte für Manager. https://intrinsify.de/zwischen-boni-und-insektenhotels, abgerufen am 13. Juni 2023.

Stephen W. Porges (2017): Die Polyvagal-Theorie und die Suche nach Sicherheit. Traumabehandlung, soziales Engagement und Bindung. Probst, Lichtenau.

Stephen W. Porges und Deb Dana (2018): Klinische Anwendungen der Polyvagal-Theorie. Ein neues Verständnis des Autonomen Nervensystems und seiner Anwendung in der therapeutischen Praxis. Probst, Lichtenau.

Bert Powell und Glen Cooper (2015): Der Kreis der Sicherheit. Die klinische Nutzung der Bindungstheorie. Probst, Lichtenau.

Heinrich Reichert (2000): Neurobiologie. Thieme, Stuttgart.

Gregory Rodriguez (2019): Feeling lonely is a real pain. Los Angeles Times. https://www.latimes.com/archives/la-xpm-2009-feb-23-oe-rodriguez23-story.html, abgerufen am 13. Juni 2023.

Gerhard Roth, Andreas Heinz und Henrik Walter (Hrsg.) (2020): Psychoneurowissenschaften. Springer Spektrum, Wiesbaden.

Hans-Ernst Schiller (2006): Das Individuum im Widerspruch. Zur Theoriegeschichte des modernen Individualismus. Frank & Timme, Berlin.

Friedemann Schulz von Thun (1998): Miteinander reden 1. rororo, Hamburg.

Daniel Siegel (2022): Achtsames Gewahrsein. Ängste reduzieren und gelassener werden. Das Übungsbuch. Arbor, Freiburg.

Daniel Siegel (2020): Handbuch der Interpersonellen Neurobiologie. Ein umfassender Leitfaden zum Verständnis der Funktion von Gehirn und Geist. Arbor, Freiburg.

Daniel Siegel (2014): Das achtsame Gehirn. Arbor, Freiburg.

Daniel Siegel (2006): Wie wir werden, die wir sind. Neurobiologische Grundlagen subjektiven Erlebens. Junfermann, Paderborn.

Gotttfried Spangler und Peter Zimmermann (Hrsg.) (2009): Die Bindungstheorie. Grundlagen, Forschung und Anwendung. Klett-Cotta, Stuttgart.

Spiegel Wissenschaft (2010): Einsamkeit schadet genauso wie Rauchen. https://www.spiegel.de/wissenschaft/mensch/psyche-und-gesundheit-einsamkeit-schadet-genauso-wie-rauchen-a-708728.html, abgerufen am 13. Juni 2023.

Statista (n. d.): Arbeitsunfähigkeitsfälle aufgrund von Burn-out-Erkrankungen in Deutschland in den Jahren 2004 bis 2021. https://de.statista.com/statistik/daten/studie/239872/umfrage/arbeitsunfaehigkeitsfaelle-aufgrund-von-burn-out-erkrankungen, abgerufen am 13. Juni 2023.

Tagesschau (2023): Gewalt in Kitas. Wenn kleine Kinder Zeugen sind. https://www.tagesschau.de/investigativ/br-recherche/gewalt-kinder-kita-101.html, abgerufen am 13. Juni 2023.

Tagesschau (2023): Personalnot in Kitas. Es geht nicht mehr. https://www.tagesschau.de/inland/gesellschaft/kita-personalmangel-103.html, abgerufen am 13. Juni 2023.

Tagesschau (2022): 384.000 Kita-Plätze fehlen. https://www.tagesschau.de/inland/gesellschaft/kita-bertelsmann-101.html, abgerufen am 13. Juni 2023.

Tagesschau (2018): Deutschland. https://www.tagesschau.de/inland/deutschlandtrend-1175.html, abgerufen am 15. Juni 2023.

Richard Thompson (2016): Das Gehirn. Von der Nervenzelle zur Verhaltenssteuerung. Springer Spektrum, Wiesbaden.

David Treleaven (2019): Traumasensitive Achtsamkeit. Posttraumatischen Stress erkennen und vermindern. Sicherheit und Stabilität vermitteln. Mit 36 konkreten Modifikationen für die Praxis. Arbor, Freiburg.

Bessel van der Kolk (2015): Verkörperter Schrecken. Traumaspuren in Gehirn, Geist und Körper und wie man sie heilen kann. Probst, Lichtenau.

Janne Vanhalst, Brandon E. Gibb und Mitchell J. Prinstein (2015): Lonely adolescents exhibit heightened sensitivity for facial cues of emotion. Journal of Clinical Child & Adolescent Psychology, 44(1), 51–60. https://www.tandfonline.com/doi/full/10.1080/02699931.2015.1092420?scroll=top&needAccess=true&role=tab, abgerufen am 15. Juni 2023.

Christina R. Victor und Ann Bowling (2012): A longitudinal analysis of loneliness among older people in Great Britain. The Journal of Psychology: Interdisciplinary and Applied, 146(3), 313–331. https://doi.org/10.1080/00223980.2011.609572, abgerufen am 13. Juni 2023.

David J. Wallin (2007): Bindung und Veränderung in der psychotherapeutischen Beziehung. Grundlagen und Anwendung. Probst, Lichtenau.

WELT Gesundheit (2010): Warum man trotz vieler Freunde einsam sein kann. https://www.welt.de/gesundheit/psychologie/article9630631/Warum-man-trotz-vieler-Freunde-einsam-sein-kann.html, abgerufen am 13. Juni 2023.

K. Lira Yoon und Richard Zinbarg (2008): Journal of Abnormal Psychology, 117(3). https://pubmed.ncbi.nlm.nih.gov/18729619, abgerufen am 13. Juni 2023.

Silvia Zanotta (2018): Wieder ganz werden. Traumaheilung mit Ego-State-Therapie und Körperwissen. Carl-Auer, Heidelberg.

Christoph Zimmermann (2023): Ressourcengewinnung durch Supervision zur Erreichung Psychologischer Sicherheit bei Teams in Unternehmen.

Team-Resilienz

Brigitte Hettenkofer
Team-Resilienz
Das Geheimnis robuster, optimistischer
und lösungsorientierter Teams
1. Auflage 2023

258 Seiten; Broschur; 29,95 Euro
ISBN 978-3-86980-678-5; Art.-Nr.: 1158

Erfolgreiche Teams sind in der Lage, mit unerwarteten Situationen umzugehen, ihre Prozesse aufrechtzuerhalten, lösungsorientiert zu agieren und so handlungsfähig zu bleiben. Wie werden Teams aber so stark und widerstandsfähig? Wie lässt sich die Team-Resilienz stärken?

Antworteten darauf liefert Brigitte Hettenkofers neues Buch. Es zeigt, wie sich das Resilienzpotenzial eines Teams aktivieren lässt. Denn Team-Resilienz ist kein Selbstläufer. Damit sie ihre volle Wirkung entfaltet, muss sie täglich gelebt werden.

Wie das gelingt, illustriert dieses Buch. Es ist eine Reise durch die Kompetenzfelder der Team-Resilienz. Mit Strategien und Übungen für den Teamalltag unterstützt dieses Buch Entfaltung von Team-Resilienz. So lassen sich stürmische Zeitung erfolgreich meistern, Krisen besser bewältigen, um letztlich gestärkt daraus herauszugehen.

www.BusinessVillage.de

Mit Methoden begeistern

Gerd Kalmbach, Christiane Stauffer, Max Kremer
Mit Methoden begeistern
Die besten Tools für wirksame Lernmomente in Seminaren, Trainings und Workshops
1. Auflage 2025

246 Seiten; Broschur; 39,95 Euro
ISBN 978-3-86980-738-6; Art.-Nr.: 1189

Seminare, Trainings und Workshops sind die beliebtesten Fortbildungsveranstaltungen. Doch oft stellt sich der erhoffte Lernerfolg nicht ein. Denn mit Folienschlachten und dozieren ist wirkliches Lernen kaum möglich.

Wie machen wir Schulungen und Weiterbildungen interessant und spannend, so dass wirkliches Lernen stattfindet? Was heißt spielerisch lernen? Wie finden wir die richtige Methode, die zu einem maßgeblichen Lernerfolg führt?

Dieses Buch liefert Antworten und gibt eine klare Struktur an Methoden, die sich an Lerninhalten, Lerndramaturgie und Lerntransfer orientieren. Anschaulich illustrieren die Autoren, wie der gekonnte Einsatz von Methoden den Seminaralltag bereichert, Interaktion und spielerisches Lernen fördert.

Ganz gleich ob Trainer, Dozent, Lehrender, Referent oder Fachexperte im Unternehmen – dieses Buch ist ein Musthave für alle, die Trainingsmaßnahmen, Seminare oder Schulungen durchführen.

www.BusinessVillage.de